创一流 技工院校 职业院校 "一体化" 精品教材

# 钳工工艺与技能训练

◎主　编　王传宝
◎副主编　吴木财　张彩红　彭奇恩
◎参　编　彭惟珠　黄辉明　刘自甫
　　　　　刘育良　范芳武　严金荣
　　　　　罗卫科　饶顶华　吴　浩
　　　　　马桂潮　邹志庭　黄灿杰
　　　　　谷平东　刘腾腾　马建斌

电子工业出版社
Publishing House of Electronics Industry
北京·BEIJING

## 内 容 简 介

本书采用项目式的编写模式，以工作过程为导向，将理论教学和实践教学相融合，主要内容包括安全教育和钳工入门知识、手锤制作、开瓶器制作、三角滑动机构制作、划规制作、模具拆装与测绘、微型冲裁模制作、微型注射模制作。本书语言简洁、文字描述准确，并采用大量实物图片，图文并茂、直观明了。本书在内容上采用工学结合的教学模式，以真实的工作任务组织实训教学，将教学内容置于真实的职业岗位实践情境中，让学生在"做中学、学中做"的过程中掌握相关的岗位技能。

本书概念清晰，通俗易懂，既便于组织课堂教学和实践，也便于学生自学，可作为技工院校、职业院校、应用型本科的钳工教材，还可作为培训用书及相关技术人员的参考用书。

未经许可，不得以任何方式复制或抄袭本书之部分或全部内容。
版权所有，侵权必究。

**图书在版编目（CIP）数据**

钳工工艺与技能训练 / 王传宝主编. —北京：电子工业出版社，2021.12
ISBN 978-7-121-35086-3

Ⅰ. ①钳… Ⅱ. ①王… Ⅲ. ①钳工－工艺－职业教育－教材 Ⅳ. ①TG9

中国版本图书馆 CIP 数据核字（2018）第 217195 号

责任编辑：张　凌　　　　　特约编辑：田学清
印　　刷：三河市华成印务有限公司
装　　订：三河市华成印务有限公司
出版发行：电子工业出版社
　　　　　北京市海淀区万寿路 173 信箱　　邮编　100036
开　　本：880×1 230　　1/16　　印张：14　　字数：322.6 千字
版　　次：2021 年 12 月第 1 版
印　　次：2021 年 12 月第 1 次印刷
定　　价：39.00 元

凡所购买电子工业出版社图书有缺损问题，请向购买书店调换。若书店售缺，请与本社发行部联系，联系及邮购电话：（010）88254888，88258888。

质量投诉请发邮件至 zlts@phei.com.cn，盗版侵权举报请发邮件至 dbqq@phei.com.cn。
本书咨询联系方式：（010）88254583，zling@phei.com.cn。

# 前言

随着我国机械制造技术的迅猛发展，技工院校、职业院校"钳工工艺与技能训练"课程在教学上存在的主要问题是教学内容和要求与现代制造企业的生产实际有较大差异。本书紧密围绕工学结合一体化的教学模式，将工作过程与理论教学相结合，以真实的工作任务组织实训教学，将教学内容置于真实的职业岗位实践情境中，让学生在"做中学、学中做"的过程中掌握相关的岗位技能。

本书采用项目式的编写模式，以工作过程为导向，将理论教学和实践教学相融合，语言简洁、文字描述准确，并采用大量实物图，图文并茂、直观明了，通过配套的技能训练使学生具备钳工基本知识与技能操作的能力，为将来从事机械维修与制造装配、模具制造与维修等相关专业打下坚实的基础。

本书共有八个项目，各项目在实际教学中根据教学对象允许有一定课时的浮动，建议学时可供教师根据教学大纲要求参考，以合理制定授课计划。在实际教学中，授课教师应根据教学计划学时和学生的专业情况合理选择对应的项目内容进行教学。主要学习内容和建议学时如下。

| 序 号 | 项 目 名 称 | 学 习 内 容 | 建议学时 |
| --- | --- | --- | --- |
| 项目一 | 安全教育和钳工入门知识 | 学习相关安全知识及认识钳工 | 10～12 |
| 项目二 | 手锤制作 | 学习钳工的基础知识技能及手锤制作 | 40～46 |
| 项目三 | 开瓶器制作 | 学习钳工的基础知识技能及开瓶器制作 | 20～26 |
| 项目四 | 三角滑动机构制作 | 学习钳工的基础知识、锉配技能、简单装配技能及三角滑动机构制作 | 40～46 |
| 项目五 | 划规制作 | 学习钳工的基础知识、锉配技能及划规制作 | 20～26 |
| 项目六 | 模具拆装与测绘 | 通过学习拆装和测绘模具，了解模具的结构及功能 | 26～30 |
| 项目七 | 微型冲裁模制作 | 通过制作微型冲裁模提高钳工综合技能水平 | 50～56 |
| 项目八 | 微型注射模制作 | 通过制作微型注射模提高钳工综合技能水平 | 54～60 |

本书以"基于工作过程的一体化"为特色，通过典型工作任务，创设实际工作场景，让学生扮演工作中的不同角色，在教师的引导下完成不同的工作任务，并进行适度的岗位训练，达到培养和提高学生综合技能水平的目标，为学生的可持续发展奠定基础。

本书由王传宝担任主编，由吴木财、张彩红、彭奇恩担任副主编。同时，参加本书编写工作的还有彭惟珠、黄辉明、刘自甫、刘育良、范芳武、严金荣、罗卫科、饶顶华、吴浩、马桂潮、邹志庭、黄灿杰、谷平东、刘腾腾、马建斌。

由于时间仓促，且编者水平有限，书中难免存在错误或不妥之处，敬请广大读者批评指正。

编　者

# 目录

## 项目一　安全教育和钳工入门知识 ..... 1

### 任务1　安全教育 ..... 3
学习活动1　安全生产的认知 ..... 3
学习活动2　了解安全生产的内容 ..... 6
学习活动3　认识安全标志 ..... 6
学习活动4　安全生产教育 ..... 8
学习活动5　钳工实习车间管理 ..... 11
学习活动6　8S 管理 ..... 13

### 任务2　钳工入门知识 ..... 15

### 任务3　认识钳工实训场地 ..... 18

## 项目二　手锤制作 ..... 21

### 任务1　划线 ..... 22
学习活动1　平面划线实训 ..... 30
学习活动2　立体划线实训 ..... 31

### 任务2　锯削 ..... 32
学习活动1　锯削基本操作实训 ..... 36
学习活动2　圆钢锯削实训 ..... 37

### 任务3　锉削 ..... 39
学习活动1　锉削基本操作训练及精度检测实训 ..... 43
学习活动2　游标卡尺测量尺寸精度实训 ..... 45
学习活动3　锉削长方体实训 ..... 49

### 任务4　孔加工 ..... 50
学习活动1　钻孔操作实训 ..... 55
学习活动2　扩孔操作实训 ..... 57
学习活动3　锪孔操作实训 ..... 59

  学习活动 4 铰孔操作实训 ......61
  学习活动 5 标准麻花钻的刃磨实训 ......66
 任务 5 手锤的具体制作 ......74

## 项目三 开瓶器制作 ......78

 任务 1 曲面锉削 ......79
  学习活动 圆弧锉削实训 ......81
 任务 2 錾削 ......82
  学习活动 1 錾削基本操作实训 ......84
  学习活动 2 錾削长方体实训 ......86
  学习活动 3 錾子刃磨实训 ......88
 任务 3 抛光 ......89
 任务 4 开瓶器的具体制作 ......94

## 项目四 三角滑动机构制作 ......97

 任务 1 组合底板与立板制作 ......98
  学习活动 1 攻螺纹实训 ......98
  学习活动 2 千分尺的使用实训 ......104
  学习活动 3 凹凸配合件加工实训 ......107
 任务 2 三角镶件与滑动件制作 ......108
  学习活动 三角镶件及滑动件制作实训 ......112
 任务 3 燕尾压板与滑动件燕尾槽制作 ......114
 任务 4 三角定位件装配 ......115
  学习活动 三角滑动机构及三角定位件装配实训 ......120

## 项目五 划规制作 ......122

 任务 1 铆接 ......122
  学习活动 抽芯铆接实训 ......126
 任务 2 制作划规 ......127

## 项目六 模具拆装与测绘 ......131

 任务 1 冲裁模拆装与测绘 ......131
  学习活动 冲裁模拆装与测绘实训 ......134
 任务 2 注射模拆装与测绘 ......139
  学习活动 注射模拆装与测绘实训 ......140

## 项目七 微型冲裁模制作与装调 .................................................. 146

### 任务 1 微型冲裁模制作 .................................................. 147
学习活动 微型冲裁模制作实训 .................................................. 158

### 任务 2 微型冲裁模装配与调试 .................................................. 168
学习活动 微型冲裁模装配与调试实训 .................................................. 171

## 项目八 微型注射模制作与装调 .................................................. 179

### 任务 1 微型注射模制作 .................................................. 180
学习活动 1 微型注射模制作实训 .................................................. 189
学习活动 2 零件抛光实训 .................................................. 198

### 任务 2 微型注射模装配与调试 .................................................. 208
学习活动 微型注射模装配与调试实训 .................................................. 209

## 附录 A .................................................. 214

## 参考文献 .................................................. 216

# 项目一

# 安全教育和钳工入门知识

 **项目情景描述**

钳工主要使用手工工具或设备，按技术要求对工件进行加工、修整、装配，是机械制造业中的重要工种之一，钳工操作台如图 1-1 所示。由于钳工设备简单、操作方便、技术成熟，能制造出高精度的机械零件，所以在当今制造业中，即使已经大量采用高科技设备、设施及各种先进的加工方法，仍然有很多工作需要由钳工来完成。例如，在单件、小批量生产中加工前的准备工作，毛坯表面的清理及工件表面划线等；产品零件装配成机器之前的錾削、锉削、攻螺纹、钻孔等；某些精密零件的加工，如配刮、研磨、锉配等；设备的装配、调试，将零件或部件按图样技术要求组装成机器的工艺过程；对机械、设备进行维修、检查、修理等，部分钳工基本技能操作示意如表 1-1 所示。

图 1-1　钳工操作台

表 1-1　部分钳工基本技能操作示意

|  |  |  |
|:---:|:---:|:---:|
| 划线 | 錾削 | 钻孔 |
|  |  |  |
| 锉削 | 锯削 | 攻螺纹 |
|  |  |  |
| 装配 | 调试 | 维修 |

 教学目标

（1）能掌握常用安全知识。

（2）应了解钳工的工作场地。

（3）应了解钳工的基本知识。

（4）应了解钳工常用设备的操作、保养知识。

（5）要熟悉钳工实习场地的规章制度及安全文明生产要求。

（6）应了解"8S"的管理模式。

安全教育课业练习

安全教育和钳工入门知识　项目一

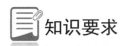知识要求

## 任务1　安全教育

任务描述

"安全连着你我他、平安幸福靠大家（见图1-2）""安全重于泰山""安全第一、保证质量""安全生产、人人参与""10000－1＝0"等，是我们在建筑工地、生产车间、实习车间随处可见的标语和警示牌。可又有多少人能真正理解其中的含义和作用呢？很多血的教训告诉我们，不了解安全知识，不注重安全，就很容易导致安全事故的发生。可见，危险无处不在。学生在实习前进行有效的安全学习，能保护自身安全，且能保证财产不受损失。

图1-2　安全生产

知识点

### 学习活动1　安全生产的认知

安全是指被保护的对象不受到伤害或损坏。从定义我们可知，安全涉及多方面，不但包括人还包括物体，即操作者和被操作的对象。安全存在于整个社会的生活和生产中。按对象不同，可分为交通安全、安全生产、社会安全和消防安全等。本书只介绍安全生产。

#### 1. 安全生产的历史由来

从原始社会的钻木取火、简易工具的制作、捕猎到部落之间的斗争过程中的自我保护，人类就已经在无意识地进行安全保护工作。

进入封建社会后，特别是在发现金属后，在那个时代的社会生产虽然是以手工为生产手段，但随着铸造业的产生和发展，战争武器由木棒转变为矛、刀、剑、盾，也就是金属工具的产生。在这个阶段，安全生产的意识和作用更加明显了。

伴随着蒸汽机和发电机的发明，欧洲的第一次工业革命后出现了工业加工厂（现在的企业），有了机器，安全生产逐渐形成。经过第二次工业革命，工业生产规模和生产机器设备快

速发展,企业生产管理也逐渐成熟和完善。在此阶段,安全生产管理已初步成为企业生产管理的重要部分。

到了现代化工业生产时代,安全生产管理已被列为企业管理的一项独立管理制度,并以行政管理手段强制执行。今天,企业的安全生产管理制度和生产设备的安全操作规程是人们长期以来在生产中流汗、流血甚至付出生命换来的,是经验教训的结晶。

### 2. 安全生产概念

安全生产是我国的一项重要政策,也是企业管理的重要内容之一。做好安全生产工作,对于保障员工在生产过程中的安全与健康、搞好企业生产经营、促进企业发展具有非常重要的意义。安全生产宣传图如图1-3所示。

图1-3 安全生产宣传图

安全生产是指在生产过程中的人身安全和设备安全。安全生产的目的是使劳动过程在符合安全要求的物质条件和工作秩序下进行,防止伤亡事故、设备事故及各种灾害发生,保障员工的安全与健康,保证企业生产正常进行。

安全生产管理是指企业为实现生产安全所进行的计划、组织、协调、控制、监督和激励等管理活动。简而言之,就是为实现安全生产而进行的工作。

### 3. 安全生产的重要意义

安全生产关系到企业的生存与发展,如果安全生产做不好,容易发生伤亡事故和职业病,劳动者的安全健康会受到危害,生产就会遭受巨大损失。可见,要发展社会主义市场经济,必须做好安全生产、劳动保护工作。其重要意义如下。

(1)保护生产工人的生命安全,使工人能在安全、稳定的环境下工作。

(2)使国家财产不受到损失或尽量减少国家财产的损失。

(3)安定社会生活与工作环境,使企业生产得以良好发展。

(4)提高劳动生产率。

### 4. 安全生产管理制度

安全生产管理制度(示例如图1-4所示)是根据我国安全生产方针及有关政策、法规制定的,我国各行各业及其广大职工在生产活动中必须贯彻执行和认真遵守的安全行为规范和准则。

安全生产管理制度是企业规章制度的重要组成部分。通过安全生产管理制度,可以把广大职工组织起来,围绕安全目标进行生产建设。同时,我国的安全生产方针和有关法规政策也是通过安全生产管理制度实现的。

安全生产管理制度有的是国家制定的,有的是企业自己制定的。2002年6月29日,第九届全国人民代表大会常务委员会第二十八次会议通过了《中华人民共和国安全生产法》,到目前为止共进行了 3 次修正。2009 年 8 月 27 日,第十一届全国人民代表大会常务委员会第十次会议上《关于修改部分法律的决定》进行了第一次修正;2014 年 8 月 31 日,第十二届全国人民代表大会常务委员会第十次会议上《关于修改<中华人民共和国安全生产法>的决定》进行了第二次修正;2021 年 6 月 10 日,第十三届全国人民代表大会常务委员会第二十九次会议上《关于修改<中华人民共和国安全生产法>的决定》进行了第三次修正,新修订的《中华人民共和国安全生产法》从 2021 年 9 月 1 日起正式执行,共有七章,合计一百一十九条。

### 5. 安全检查

安全检查(场景如图 1-5 所示)是指国家安全生产监察部门、企业主管部门或企业自身对企业贯彻国家安全生产法规的情况、安全生产状况、劳动条件、事故隐患等所进行的检查。

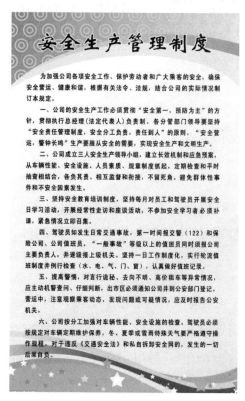

图 1-4　安全生产管理制度

图 1-5　安全检查

安全生产检查按组织者的不同可以分为下列两大类。

(1)安全生产大检查,是指由上级有关部门,如劳动部门、经济管理部门或企业主管部门(行业)组织的各种安全生产检查或专业检查。

安全生产大检查通常集中在一定时期内,有目的、有组织地进行,一般规模较大、检查时间较长、揭露问题深、判断较准确,有利于促使企业重视安全,并对安全生产中的一些"老大难"问题进行整改。

(2)自我检查,指由企业自己组织的对企业自身安全生产情况进行的各种检查。

企业自我检查通常采取经常性检查与定期检查、专业检查与群众检查相结合的安全检查制度。经常性检查是指安全技术人员、车间班组干部、职工对安全进行日查、周查和月查。

定期检查是企业组织的定期（如每季度、半年或一年）、全面的安全检查，如防火、防爆、防尘、防毒等检查。群众性安全检查指发动职工群众进行安全检查，并结合实际对职工进行安全教育。此外，还有根据季节性特点所进行的季节性检查，如冬季防寒、夏季防暑降温及雨季防水等检查。

对于企业来说，安全生产是必不可少的。安全工作应放在一切生产企业工作的首位，企业应当以安全保障生产。安全就是生命，安全就是效益，安全是一切工作的重中之重。在企业一心一意谋发展的同时，更要把"安全第一"落到实处，把"预防为主"放在各项工作的首位，真正做到珍爱生命、安全生产。忽视安全隐患，必将会给企业带来巨大的经济损失。所以说，唯有安全生产这个环节不出差错，企业才能去争取更好的成绩，去创造辉煌的明天！

为了我们的家人和亲人有一张欢乐的笑脸，为了我们的企业能蓬勃发展，请珍惜和尊重生命，让我们时刻牢固树立"安全第一"的思想，始终牢记安全才能生产，生产必须安全，让安全成为一种习惯，让安全意识始终刻于我们每一位员工的心中。

## 学习活动 2　了解安全生产的内容

安全生产的内容包括三方面：安全技术、安全法规和工业卫生。

### 1. 安全技术

安全技术主要以国家技术标准的安全要求为依据，对设备、设施、装置、机具等是否符合标准状态进行检查等工作，包括安全措施、劳动者操作技术水平和相关设备或工具的性能状态。

### 2. 安全法规

安全法规即安全生产管理制度，主要以行政手段对企业职工行为进行规范，包括企业安全决策、计划的制订与实施、安全责任制的落实、各项规章制度的执行，以及日常的安全教育、检查、隐患治理、事故处理等靠行政命令执行的工作。在学校实习期间的安全法规就是学校制定的各项规章制度、安全检查制度及设备维修管理办法。

### 3. 工业卫生

工业卫生管理主要是指检查作业环境是否符合卫生要求，职工的健康检查，职业病的预防、调查、报告等管理工作。在学校中主要是指实习期间实习场地的卫生，工具、量具的摆放，设备清扫，实习生的身体健康等。

## 学习活动 3　认识安全标志

安全标志是指在操作人员容易产生错误和导致事故的场所，为了确保安全，提醒操作人员注意所采用的一种特殊标示。制定安全标志的目的是引起人们对不安全因素的注意，预防事故的发生，安全标志不能代替安全操作规程和保护措施。根据国家有关标准，安全标志应由安全色、几何图形和图形符号构成。必要时，还要有一些补充的文字说明与安全标志一起使用。

国家规定的安全色有红、蓝、黄、绿四种颜色，其含义如下：红色表示禁止、停止（也表示防火);蓝色表示指令或必须遵守的规定;黄色表示警告、注意;绿色表示提示、安全状态、通行。安全标志按其用途可分为禁止标志、警告标志、指示标志。

安全标志根据其使用目的的不同,可以分为以下9种。

(1)图1-6所示为防火标志(一般出现在有发生火灾危险的场所,有易燃、易爆危险的物质及位置,有防火、灭火设备的位置)。

(2)图1-7所示为禁止标志(所禁止的危险行动)。

图1-6 防火标志　　　　　　　　　　图1-7 禁止标志

(3)图1-8所示为危险标志(一般放在有直接危险性的物体或场所,并对危险状态进行警告)。

图1-8 危险标志

(4)图1-9所示为注意标志(一般放在不安全行为或不注意会导致危险的场所)。

图1-9 注意标志

(5)图1-10所示为救护标志。
(6)图1-11所示为小心标志。

（7）图 1-12 所示为放射性标志。

图 1-10　救护标志　　　　　图 1-11　小心标志　　　　　图 1-12　放射性标志

（8）图 1-13 所示为方向标志。

（9）图 1-14 所示为指导标志。

图 1-13　方向标志　　　　　　　　　　　图 1-14　指导标志

## 学习活动 4　安全生产教育

安全隐患隐藏于生产过程中，它如同一个定时炸弹，随时会爆炸，也就是说，安全隐患在生产中随时有可能存在。安全隐患具有如下特点：突发性、隐藏性、广泛性、复杂性。要使生产安全，不但要做好安全防范措施，而且在生产中要时刻保持头脑清醒，防患于未然。要做到这一点，必须要提高安全生产的意识，多学习安全知识。

### 1. 安全生产教育的任务

**1）安全知识教育**

安全知识包括产品的性能、原材料的性质、生产工艺、设备的结构和性能、安全技术、消防和法规制度等方面的知识，安全知识教育可使受教育者懂得令行禁止的道理和遵章守纪的意义。

**2）操作技能培训**

学习工艺规程和安全操作规程，熟练掌握安全操作技能。

**3）安全态度教育**

树立正确的安全生产态度，无论在什么情况下，都应自觉执行安全生产制度规定的操作。有些人学习了安全知识，学会了安全操作技能，但是不愿意始终如一地实行，这就是安全态度的问题，所以安全态度教育的目的在于"做"。

总结起来，安全教育的任务就是培养"知""会""做"的干部和工人。

安全的行为习惯是个人平安和家庭幸福的支点，是企业发展壮大的支点，也是国家兴旺昌盛的支点。总结起来，我们可以从以下7方面来培养安全行为习惯。

（1）健全机制，规范管理。

企业要健全安全生产长效机制，规范生产安全管理，认真做好安全体系的建立和安全责任、安全措施在生产现场的落实，使检查整改规范化、技术培训制度化、安全管理标准化，扎实做好安全日常管理工作；要形成长期、长效的安全管理文化，强化全员安全生产责任意识，使安全规程、安全要求成为员工的自觉习惯和行为。

（2）警钟长鸣，安全常讲。

要利用班前会、安全警示牌、宣传标语、安全培训等多种形式，广泛开展安全教育，大力激发安全生产"正能量"，时时提醒职工勿忘安全生产，促使安全宣传教育入脑、入心；要大力抓安全亲情教育，组织开展发送安全祝福短信，邀请家属参加安全座谈会，促使安全宣传教育入家庭，让员工亲属也吹安全风，督促员工养成良好的安全行为习惯。

（3）海恩法则，抓早抓小。

海恩法则指出：每一起严重事故的背后，必然有29次轻微事故和300起未遂先兆以及1000起事故隐患。在日常安全生产工作中，员工一些细小的错误行为很容易被忽略，有的职工甚至视而不见，个别管理干部也是睁一只眼闭一只眼，长此以往，必然会助长员工的不安全行为习惯。因此，对一些"未遂先兆"，一些小的隐患、小的意外要做到抓早抓小、分析总结，及时采取有力措施加以防范。务必强化"安全无小事"的理念，要防微杜渐，钉牢安全的"铁钉"。

（4）墨菲定律，杜绝侥幸。

墨菲定律即"凡是可能出错的事必定会出错"，引申到企业安全管理上就是"凡是可能发生安全事故的隐患就必定会发生安全事故"。很多不安全行为习惯都是侥幸心理造成的。今天没出事，不等于明天不会出事；之前一直没出事，不等于某一天不会出事，大意、侥幸将最终导致安全事故的发生。这就需要企业安全管理部门将管理前移、处罚前置，把安全隐患当作安全事故一样严肃对待，加强事前督办，减少那些走形式的检查。要培养员工"邻里失火、自查炉灶"的忧患意识和工作责任心，及早发现、及早消除安全隐患问题，减少生产安全事故的发生。

（5）创新方式，养成习惯。

部分企业员工的安全意识不强，甚至存在违章作业、盲目蛮干等生产习惯。工人工作习惯的形成或改变，与他自身的情况及所处企业的内部环境密切相关。这就需要企业安全管理人员开动脑筋，创新方法，如把员工的生产安全行为纳入考核指标，将安全行为习惯与考核奖励挂钩，要推动一线员工从"要我安全"向"我要安全"转变，促使员工自觉养成安全的行为习惯。

（6）热炉法则，执"法"必严。

热炉法则是说，各项规章制度应该成为一座烧红了的"热炉"，它具有3个特点：一是事先警告，此炉是烧红了的，一看便知道它能烫伤人；二是不管贵贱亲疏，谁碰它，它就烫谁；三是说烫真烫，不是摆架子吓唬人的。要确保安全生产，企业只有安全管理制度还不行，还要遵循"热炉法则"，不折不扣地落实安全管理制度，推动安全操作规程得到执行。否则安全管理制度就变成了"橡皮筋"和"稻草人"，失去了约束力和震慑力，生产安全就无法保障。对于安全执法部门来说也是一样，要做到有法必依，执法必严，发现安全隐患问题必须及时督促企业整改，该处罚的处罚、该查封的查封，这样做，安全管理制度、安全操作规程才能对企业员工产生有效的约束力。

（7）坚持原则，无情胜有情。

安全生产，关乎生命。如果安全管理人员"有情"，对违规操作的人员网开一面，看似"皆大欢喜"，实则"后患无穷"。一次得过且过，事故就可能悄悄带走员工的健康和生命，那时体会到的才是真正的"无情"。安全管理人员对待工作要不打折扣，落实制度要铁面无私，要坚持原则、敢于碰硬，要敢于揭露、正视、消除安全隐患问题。宁可事前招来"骂声"，不要事后听到"哭声"；宁可事前当"黑包公"，也不要事后做"红孩儿"。

让安全成为一种习惯，不是一件轻而易举的事，而是一个任重道远的过程。安全意识的树立，安全观念的形成，安全习惯的养成，都非一日之功。既需要个人自觉地"修"和"养"，也需要通过多种途径不断地督促。只有大家都养成了安全的行为习惯，才能远离事故、远离伤害！

**2．安全生产教育的对象**

安全生产教育主要针对本厂操作人员及对安全生产条件不了解的人员，让他们学习相关的安全知识。对于不同企业和不同设备，学习的知识也有所不同，凡是接触到新的设备或去到新的环境，都需要学习安全知识，学习合格后才可以上岗。安全生产教育的对象主要包括以下三类人员。

（1）新进厂的员工。

（2）从其他部门或其他分厂调入的员工。

（3）实习（代培训）人员。

**3．安全教育的方式**

从细节上说，各公司（企业）都有各自的安全生产教育方式，但绝大部分公司（企业）都是采取三级安全教育模式进行安全教育的。通过三级安全教育来达到安全生产的目的，使安全事故尽可能减少或零发生。

**1）厂级安全教育**

厂级安全教育的主要内容是安全态度教育，其中包括以下内容。

（1）法纪教育，包括刑法、地方法及本厂安全生产制度的有关内容。

（2）遵纪守法的意义，勇于制止他人违章作业的意义。

（3）树立正确的安全动机教育。

（4）热爱本职（本专业）工作的教育。

**2）实习场地（生产车间）教育**

实习生进入实习车间前，要实行实习场地教育，其主要内容包括实习材料的性能（包括物理性能和化学性能），对安全、防护的基本要求，对实习设备的介绍，实习场地的安全生产制度等。

**3）实习操作岗位（班、组）安全教育**

实习操作岗位（班、组）安全教育的主要内容有生产设备安全操作规程、操作技能及防护措施、安全文明内容、设备的维护与保养条件等。

> **温馨提示**
>
> 实习生小谭在深圳某合资厂实习，晚上7点～10点加班，快下班时，他到正在运行的数控机床后面的角落处玩手机。下班时，机床操作工回位数控机床时，未发现小谭在机床后面，直接回位将实习生小谭当场夹死。

## 学习活动5　钳工实习车间管理

**1. 钳工实训安全操作规则**

（1）实习前，先检查锤子把手是否牢固，钢锯是否安装好，所用工具是否完好。

（2）用台钳装夹工件时，要注意是否夹牢。使用完后，台钳手柄要靠端头并向下垂挂。

（3）工具安放要稳当，不得伸出工作台以外，以免振动、碰撞、跌落。

（4）錾削时，要注意切削的飞溅方向，避免伤人。

（5）钻孔时不得用嘴吹或用手擦工件，要用刷子清扫。

（6）操作钻床时，不得用手接触主轴、钻头，不得戴手套操作，注意衣袖、头发不要被卷入。

（7）搬动笨重零件要量力而行，尽量使用专用工具和设备进行搬运。

（8）装拆零部件时要托稳、夹牢，以免出现意外。

（9）未经允许，学生不得擅自动用与实训无关的设备和仪器等。对于不听劝阻的学生可停止其实训，造成设备等损坏丢失的，均按损坏公物赔偿管理办法执行。

**2. 钳工实训车间学生守则**

（1）学生进入钳工车间后，必须严格遵守操作规程，以确保学生的人身安全。

（2）严格遵守学校纪律，不迟到、不早退、不无故缺席。

（3）车间内严禁打闹、大声喧哗。

（4）学生不得穿着拖（凉）鞋、短裤、背心、裙子进入实训室，必须按要求穿好工作服。女生实习还需要戴安全工作帽，不可穿高跟鞋进入实习车间。

（5）不得擅自离开实习岗位，不得擅自使用与自己的工作无关的工作台，不得做非指定的工作。

（6）使用砂轮机刃磨刀具时，应注意握紧工件，避免滑落。发现异常立即关机。

（7）车间内要保持清洁整齐，下课前要保养好各人所用的设备。

（8）爱护设备，损坏、丢失设备要照价赔偿。

（9）对进场学生必须进行实训安全教育。实习指导教师应以身作则，严格遵守各项规章制度。

（10）使用钻床钻削时，工件定位要牢靠，严禁戴手套作业。出现异常时，要立即停机。

（11）不得擅自拆修电器设备，严格执行用电安全制度。

（12）不得擅自带非实习人员进入实习车间。

（13）离开车间时应做关灯、切断电源等工作。

### 温馨提示

实习生小林在南海某厂实习，刃磨车刀正对砂轮，工厂砂轮无挡板，由于车刀发热，小林松手使车刀掉进砂轮槽，砂轮爆裂，碎片打到小林脑门，小林在送往医院途中因抢救无效死亡。

### 3．钳工实习指导教师工作规范

（1）实训课前必须对学生人数进行清点，并进行实训前教育，宣传车间管理制度（包括《钻床操作规程》《砂轮机操作规程》等），并严格执行学校《学生实训管理和安全培训合格准入制度》；每堂实训课前都要对学生进行安全教育。

（2）每次实训课前都要做好充分的课前准备（实训教案、授课计划、实验报告及实训材料等）。

（3）必须提前5分钟候课。要求学员佩戴好胸卡、穿好工作服进入实习场地，安排学生工位，并进行记录。对各工位的工具、量具、刃具等都要求学生认真检查，放在指定地点。实习中要求学员把胸卡插放在指定位置。

（4）自觉遵守并督促学生遵守车间的各项管理制度，维持实训课堂的正常秩序。指导教师对实习的学生不能随意给假外出。若学生有事必须外出，要向班主任及指导教师请假，持批准的假条方可离开工作场所。外界任何人找学生，指导教师有权拒绝。学生临时需要离岗时，要填写好离岗登记表，写明离岗时间和原因，归岗时写好归岗时间。实习教师应控制好离岗人数，定期查看离岗登记表。

（5）教师应积极巡回，耐心指导，及时解答学生提出的问题。实习期间，教师要注意全面掌握学生的实习状况，及时发现不安全的因素，并给予纠正。要注意纠正学生不良的工作姿势、工作习惯。对学生违反劳动纪律的行为，要给予批评教育。对严重违反劳动纪律且不听劝阻的学生，可立即通报教务科，或终止其实习。实训期间不设课间休息（在课室上一体化理论课除外）。

（6）及时规范填写相关表格，机器设备有故障必须如实详细记录在《设备使用登记本》上，并及时上报，以便及时维修。

（7）在实习过程中，应时刻督促学生将工具、量具摆放在正确的位置，并引导学员维护好工具、量具及设备。教师对学生的工作进度、工作质量、工作态度都要做到心中有数。对于工作进度较快的学生，可以指导其完成新的工件或给予新任务；对于工作进度慢的学生，要督促他们尽快赶上；对于工作质量较差的学生，要帮助其分析原因，并鼓励其提高工作质量。

（8）实训结束前10分钟，督促学生及时清点好各自的工具、量具及钳工工作台位（桌面）的卫生，按规定时间下课。

（9）课后按照《钳工实习车间卫生管理制度》组织学生搞好车间的日常清洁卫生，做好实训结束后的"五关"（关灯、关电、关扇、关窗、关门）。

（10）实习教师要加强砂轮机、钻床的检修和保养，发现问题及时上报。

（11）班级总的实习时间结束后应督促学生及时清点好各自的工具、量具及钳工工作台位（桌面）的卫生（量具要擦拭干净并保养），做好课后验收（工具、量具的清点及场室卫生）工作。

（12）发现车间周围情况异常或实习过程中有紧急情况时，应妥善处理并及时汇报。

### 学习活动6　8S管理

8S如图1-15所示，8S就是整理（Seiri）、整顿（Seiton）、清扫（Seiso）、清洁（Seiketsu）、素养（Shitsuke）、安全（Safety）、节约（Save）、学习（Study）八个项目，因为其均以"S"开头，所以简称为8S（其中，前5个S为日语罗马字发音，后3个S为英文单词）。

图1-15　8S

## 1．1S—整理（Seiri）

定义：区分要用的和不要用的工具等，清除掉不要用的工具。

目的：把"空间"腾出来活用。

要求：把物品区分为要用的和不要用的，不要用的坚决丢弃。

（1）把工作场所的所有东西区分为有必要的与不必要的。

（2）把必要的东西与不必要的东西明确、严格区分开来。

（3）不必要的东西要尽快处理掉。

## 2．2S—整顿（Seiton）

定义：将要用的东西依规定定位、定量摆放整齐，明确标示。

目的：不用浪费时间找东西。

要求：将整理好的物品明确地规划、定位并加以标识。

（1）对整理之后留在现场的必要的东西分门别类地放置、排列整齐。

（2）明确数量、有效标识。

## 3．3S—清扫（Seiso）

定义：清除工作场所内的脏污，并防止污染的发生。

目的：消除"脏污"，保持工作场所干干净净、明明亮亮。

要求：经常清洁打扫，保持干净明亮的工作环境。

（1）将工作场所清扫干净。

（2）保持工作场所干净、亮丽。

## 4．4S—清洁（Seiketsu）

定义：将上面3S实施的做法制度化、规范化，并维持住。

目的：通过制度化来维持成果，并显现"异常"之所在。

要求：维持成果，使其规范化、标准化。

将整理、整顿、清扫实施的做法制度化、规范化。

## 5．5S—素养（Shitsuke）

定义：人人依规定行事，从心态上养成好习惯。

目的：改善个人素质，养成工作认真的习惯。

要求：养成自觉遵守纪律的习惯。

## 6．6S—安全（Safety）

（1）在管理上制定正确的作业流程，配置适当的工作人员监督指示。

（2）对不合安全规定的因素及时举报消除。

（3）加强作业人员的安全意识教育。

（4）签订安全责任书。

目的：预知危险，防患于未然。

要求：采取系统的措施保证人员、场地、物品等的安全。

（1）消除隐患、排除险情、预防事故的发生。

（2）保障员工的人身安全和生产的正常进行，减少经济损失。

### 7．7S—节约（Save）

定义：节约为荣、浪费为耻。

目的：养成降低成本的习惯，加强对作业人员减少浪费的意识教育。

要求：减少企业的人力成本、时间、库存、物料消耗等。

### 8．8S—学习（Study）

定义：学习长处、提升素质。

深入学习各项专业技术知识，从实践和书本中获取知识，学习长处，从而达到完善自我、提升自我综合素质的目的。

**知识扩展**

5S起源于日本，是指在生产现场对人员、机器、材料、方法、信息等生产要素进行有效管理。这是日本企业独特的管理办法。因为整理（Seiri）、整顿（Seiton）、清扫（Seiso）、清洁（Seiketsu）、素养（Shitsuke）是日语外来词，在罗马文拼写中，第一个字母都为S，所以日本人称之为5S。近年来，随着人们对这一活动认识的不断深入，有人又添加了安全（Safety）、节约（Save）、学习（Study）等内容，分别称为6S、7S、8S。

无论是几S管理，都不能把它们分开来实施，它们是一个整体，相互补充、相互牵连、相互制约。

**思考与练习**

（1）在机械生产中，钳工主要担负哪些工作任务？

（2）钳工工作有哪些特点？

（3）通过学习8S管理，简述学习体会。

（4）制作一份安全海报。

钳工入门知识课业练习

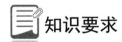

**知识要求**

## 任务2　钳工入门知识

**任务描述**

由于钳工的设备简单、操作方便、技术成熟，能制造出高精度的机械零件，所以在当今制造业中，即使已经大量采用高科技设备、设施及各种先进的加工方法，仍然有很多工作需要由钳工来完成。因此，钳工的基本操作是机械相关专业的学生必须具备的技能。

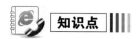

### 1. 钳工的工作范围

（1）钳工技术的内容广泛，包括划线、錾削、锯削、锉削、钻孔、扩孔、锪孔、铰孔、矫正和弯曲、铆接、粘接、攻螺纹、套螺纹、刮削、研磨、测量、简单的热处理等基本操作。此外，还有机器设备的装配、修理等工作。

（2）钳工岗位分类：根据职业技能等级认定的要求，钳工分为工具钳工（主要从事工量刃具的制造维修工作）、装配钳工（主要从事机器的装配和调试工作）和机修钳工（主要从事机器保养和维修工作）三类。每类分为五个等级，五级为初级工，四级为中级工，三级为高级工，二级为技师，一级为高级技师。目前，无论职业技能等级认定的是工具钳工方向，还是装配钳工方向，或是机修钳工方向，证书上的名称统一为钳工。

> **温馨提示**
>
> 总之，无论是哪种钳工，都离不开钳工的基本操作。钳工基本操作是各种钳工的基本功。其熟练程度和技术水平的高低将直接影响到机器的制造、装配和修理的质量，以及工作效率。因此，学习钳工的理论知识和基本操作技能是十分必要的。

### 2. 钳工常用的长度单位

（1）公制长度的进位、名称和代号。

1 米(m) = 10 分米(dm)　　　　1 分米(dm) = 10 厘米(cm)

1 厘米(cm) = 10 毫米(mm)　　1 毫米(mm) = 1000 微米(μm)

（2）英制长度的进位、名称和代号。

1 英尺(ft) = 12 英寸(in)　　1 英寸(in) = 8 英分　　1 英分 = 4 个嗒(或称角)

1 英寸 = 1000 英丝　　　　1 英分 = 125 英丝

英制长度单位以英寸为基本长度单位。

例如：1.5 英尺写作 18 英寸，5 英分写作 5/8 英寸等。

（3）公制与英制单位换算。

1 英寸(in) = 25.4 毫米(mm)，1 英尺(ft) = 0.3048 米(m) = 304.8 毫米(mm)

请问：

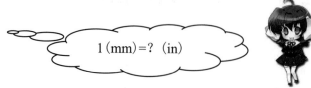

1(mm) = ?(in)

> **温馨提示**
>
> 公制长度单位在机械工程中常用毫米为基本单位,图样上不另标单位名称。例如,1.5m 写作 1500,2.5dm 写作 250,1.6cm 写作 16,9μm 写作 0.009。

#### 3. 钳工常用的工具、量具

**1）钳工常用工具**

（1）划线用的划针、划规、样冲、划线平台等。

（2）錾削用的錾子和手锤。

（3）锉削用的各种锉刀。

（4）锯削用的手锯。

（5）其他工具：钻头、铰刀、丝锥和板牙、刮刀、螺丝刀、钢丝钳、活动扳手等。

**2）钳工常用量具**

在基本操作中,常用的量具有钢直尺、钢卷尺、内外卡钳、游标卡尺、百分表、千分尺、万能角度尺、塞尺（厚薄规）、正弦规和水平仪等。

#### 4. 钳工常用设备和工作场地的组织

（1）钳工常用设备：有钳桌、台虎钳、砂轮机、钻床等设备。

① 钳桌：用来安装台虎钳,放置工具、量具和工件等。中间应设有安全网,使用的照明电压不得超过 36V。工具在钳桌上摆放时,不能伸出钳桌边缘,以免其被碰落而砸伤人脚。

② 台虎钳：用来夹持工件的通用夹具,有固定式、回转式两种结构类型。

③ 砂轮机（见图 1-16）：用来刃磨錾子、钻头和刮刀等刀具或其他工具等。砂轮机主要由砂轮、电动机、机体组成,砂轮的质地硬而脆,工作时转速较高,可达 2800r/min。因此,使用时应遵守操作规程,严防发生因砂轮碎裂而造成伤人事故。

图 1-16　砂轮机

④ 钻床：用来对工件进行孔加工，有台式钻床、立式钻床和摇臂钻床，如图 1-17 所示。

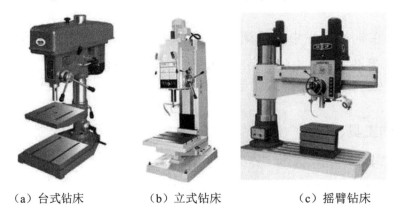

（a）台式钻床　　　　（b）立式钻床　　　　（c）摇臂钻床

图 1-17　钻床种类

（2）钳工工作场地的组织：合理组织钳工的工作场地，是提高劳动生产效率，保证产品质量和安全生产的一项重要措施。钳工的工作场地一般应当满足常用设备布局安全、合理，光线充足，远离震源，道路畅通，起重、运输设施安全可靠等要求。在现代工业生产中，作为一名钳工，要增强"安全第一，预防为主"的安全意识，严格遵守安全操作规程，养成文明生产的良好习惯，避免因疏忽大意而造成人身事故和国家财产的重大损失。

（1）钳工技术的内容有哪些？
（2）钻床的种类有哪些？
（3）简述钳工工作场地的要求。

技能要求

## 任务 3　认识钳工实训场地

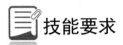

组织参观钳工的实训场地，了解实习车间的要求，对钳工实习的工具和量具等能有初步的认识，为接下来的实习打下基础。

（1）参观钳工实训场地，认识主要钳工设施，如台虎钳、钳工工作台、钻床、常用电动工具、砂轮机等。
（2）学习钳工车间的安全文明生产要求。
（3）学习台虎钳的正确使用方法和安全要求。

① 工作时，夹紧工件要松紧适当，只能用手扳紧手柄，不得借助其他工具进行加力。

② 进行强力作业时，应尽可能使作用力朝向固定钳身。

③ 不允许在活动钳身和光滑平面上进行敲击作业。

④ 对丝杆、螺母等活动表面应经常清洗、润滑上油，以防生锈。

（4）检查钳工的工位高度，如图1-18所示。

**【注意事项】**

（1）进入实习车间应穿戴劳保用品。

（2）不允许在车间追逐打闹。

图1-18 检查钳工的工位高度

 知识扩展

### 装拆、保养台虎钳

台虎钳是钳工主要用到的工具之一，图1-19所示为回转式台虎钳。装拆、保养时，首先要了解台虎钳的结构、工作原理，准备好训练需要用的工具，如螺钉旋具、活络扳手、钢丝刷、毛刷、油枪、润滑油、黄油等。注意，拆卸步骤应正确，拆下的零部件应排列有序并清理干净、涂油。装配后要检查是否使用灵活。具体步骤如下。

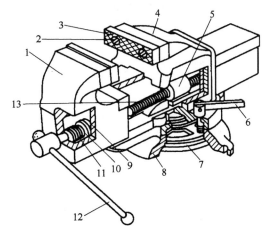

1—活动钳身；2—钳口坚固螺钉；3—钳口；4—固定钳身；5—丝杠螺母；6—手柄；7—夹紧盘；
8—转盘座；9—开口销钉；10—挡圈；11—弹簧；12—手柄；13—丝杠

图1-19 回转式台虎钳

（1）拆下活动钳身体 1。逆时针转动手柄 12，托住活动钳身并慢慢取出。

（2）拆下丝杠 13。依次拆下开口销钉 9、挡圈 10、弹簧 11，将丝杠从活动钳身中取出。

（3）拆下固定钳身 4。转动手柄 6，松开锁止螺钉，将固定钳身从转盘座 8 上取出。

（4）拆下丝杠螺母 5。用活络扳手松开紧固螺钉，拆下丝杠螺母 5。

（5）拆下两个钳口 3。用螺钉刀（或内六角扳手）松开钳口紧固螺钉 2。

（6）拆下转盘座 8 和夹紧盘 7。用活络扳手松开紧固转盘座和钳桌的三个连接螺栓。

（7）清理各零部件。用毛刷清理各零部件及钳桌表面。一些积留在钳口、转盘座和夹紧盘上的切屑可用钢丝刷清除。

（8）涂油。给丝杠、螺母涂润滑油，给其他螺钉涂防锈油。

（9）装配。按照与拆卸相反的顺序装配好台虎钳，装配好后检查活动钳身转动、丝杠旋转是否灵活。

【注意事项】

（1）安装活动钳身时，应先对准转盘安装孔和夹紧盘上的两个螺孔，再装入锁止螺钉。

（2）安装螺母 5 时要用扳手拧紧紧固螺钉，否则当用力夹工件时，易使螺母 5 毁坏。

（3）安装活动钳身 1 时，丝杠应对准螺母孔位置，一手转动手柄，一手托住活动钳身 1。

## 项目考核

| 项目一　安全教育和钳工入门知识 |||||
|---|---|---|---|---|
| 姓　名 | | 班　级 | | |
| 项目总成绩评定表 |||||
| 任　务 | 制作安全海报或安全考试（60%） | 钳工入门知识（20%） | 认识钳工实训场地（20%） | 总　成　绩 |
| | | | | |
| | | | | |
| | | | | |

# 项目二

## 手锤制作

 **项目情景描述**

锤头配上木柄和楔子就组成了钳工常用的敲击工具手锤，如图 2-1 所示。手锤的规格是以锤头的重量来表示的，有 1p、1.5p、2p 等几种（公制用 0.25kg、0.5kg、1kg 等表示）。常用的手锤有铁锤、铜锤、橡胶锤等。

手锤的用途很广，在机械装配、机电安装、设备维修等场合都需要用到它。

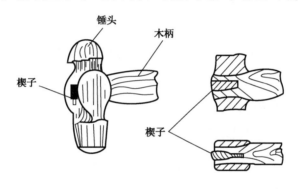

图 2-1  手锤

在完成该项目的同时，学生必须先学习钳工的基本操作技能，如锉削、锯削、孔加工等。知识点需要循序渐进，学生逐步掌握了钳工基本技能后，才能进行手锤制作。

 **教学目标**

（1）能准确读懂手锤零件图样和编写加工工艺。
（2）应了解划线的相关知识。
（3）会使用划线工具。
（4）能掌握锯削相关知识和锯削操作。
（5）能掌握锉削相关知识和锉削操作。
（6）会正确使用游标卡尺。

（7）能掌握直线度、平面度、垂直度和尺寸的控制及检测方法。

（8）会操作台式钻床及钻床的常规保养。

（9）应了解钻头的结构及切削角度。

（10）会使用砂轮机及刃磨标准麻花钻。

（11）能按时按质完成手锤制作。

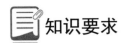知识要求

# 任务1 划　　线

**任务描述**

划线是根据图样或实物尺寸，在毛坯或工件上用划线工具划出待加工部位的轮廓线或作为基准的点、线的操作。

在工件上划出清晰的加工界线，不仅可以明确工件的加工余量，还可作为工件安装工加工的依据。在单件或小批量生产中，用划线来检查毛坯或半成品的形状和尺寸，通过借料合理分配各加工表面的余量，可以及时发现不合格品，避免后续加工工件不合格造成工时的浪费。

划线课业练习

划线是一项复杂的、细致的重要工作。若划错线，就会造成加工工件报废，所以划线直接关系到产品的质量。因此，要求所划的线条尺寸要准确、线条要清晰均匀。划线精度一般在0.25～0.5mm，划线只作为加工的依据，最后的尺寸必须通过测量来保证。

划线分为平面划线（见图2-2）和立体划线（见图2-3）。平面划线是在工件的一个平面上划线后即能明确表示加工界线，它与平面作图法类似；立体划线是在工件的几个不同角度的表面（通常是相互垂直的表面）上划线，即在长、宽、高3个方向上划线。

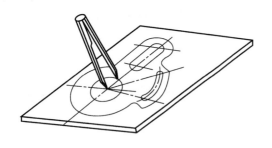
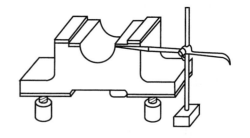

图2-2　平面划线　　　　　　　　　　图2-3　立体划线

知识点

**1. 常用划线工具和涂料**

**1）划线工具的分类**

（1）基准工具：包括划线平板、方箱、V形铁、三角铁、弯板（直角板）及各种分度头等。

（2）量具：包括钢直尺、量高尺、游标卡尺、万能角度尺、直角尺及测量长尺寸的钢卷尺等。

（3）绘划工具：包括划针、划线盘、高度游标卡尺、划规、平尺、曲线板、手锤、样冲等。

（4）辅助工具：包括垫铁、千斤顶、C形夹头和夹钳，以及找中心划圆时打入工件孔中的木条、铅条等。

**2）常用划线工具及应用**

（1）划线平板。

划线平板一般由铸铁制成，如图2-4所示。其工作表面经过精刨或刮削而成，也可采用精磨加工而成。较大的划线平板由多块平板组合而成，适用于大型工件划线。它的工作表面应保持水平并具有较好的平面度，这是划线或检测的基准。

（2）方箱。

方箱是用灰铸铁制成的空心立方体或长方体，如图2-5所示。划线时，可用C形夹将工件夹于方箱上，再通过翻转方箱，便可以在一次安装的情况下，将工件上互相垂直的线全部划出来。方箱上的V形槽平行于相应的平面，它用于装夹圆柱形工件。

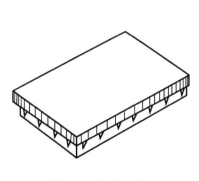

图 2-4 划线平板

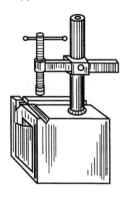

图 2-5 方箱

（3）划规。

划规由工具钢或不锈钢制成，两脚尖端淬硬，或在两脚尖端焊上一段硬质合金，使之耐磨，如图2-6所示。划规常被用来划圆和圆弧、等分线段、等分角度及量取尺寸等。

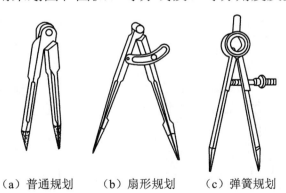

（a）普通规划　（b）扇形规划　（c）弹簧规划

图 2-6 划规

划针（图如2-7（a）所示）一般由4～6mm的弹簧钢丝或高速钢制成，尖端淬硬，或在尖端焊接上硬质合金。划针是用来在被划线的工件表面沿着钢直尺、角尺或样板进行划线的工具，有直划针和弯头划针之分，其使用方法如图 2-7（b）所示。

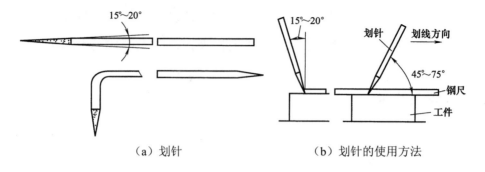

图 2-7 划针及其使用方法

（5）样冲。

样冲用于在已划好的线上冲眼，以保证划线标记、尺寸界限及确定中心。样冲一般由工具钢制成，尖梢部位淬硬，也可以由较小直径的报废铰刀、多刃铣刀改制而成，如图 2-8（a）所示。

（6）量高尺。

量高尺由钢直尺和尺架组成，拧动调整螺钉，可改变钢直尺的上下位置，因此可方便地找到划线所需要的尺寸。

（7）普通划线盘。

划线盘是在工件上划线和校正工件位置常用的工具。普通划线盘的划针一端（尖端）一般会焊上硬质合金用于划线，另一端制成弯头，是校正工件用的。普通划线盘刚性好、不易产生抖动，应用范围很广。

（8）微调划线盘。

微调划线盘的使用方法与普通划线盘相同，不同的是其具有微调装置，拧动调整螺钉可使划针尖端产生微量的上下移动，使用微调划线盘调整尺寸方便，但刚性较差。

（9）千斤顶。

千斤顶通常以三个为一组使用，螺杆的顶端淬硬，一般用来支撑形状不规则、带有伸出部分的工件或毛坯件，以进行划线和找正工作，如图 2-8（b）所示。

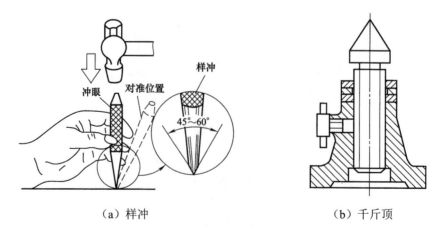

图 2-8 样冲与千斤顶

(10) V 形铁。

如图 2-9 所示，V 形铁一般由铸铁或碳钢精制而成，相邻各面互相垂直，主要用来支撑轴、套筒、圆盘等圆形工件，以便于找中心和划中心线，能保证划线的准确性，同时保证了稳定性。

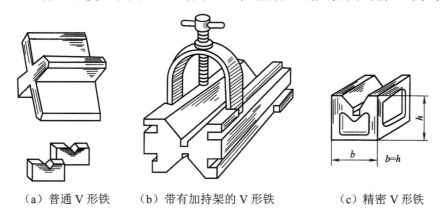

（a）普通 V 形铁　　（b）带有加持架的 V 形铁　　（c）精密 V 形铁

图 2-9　V 形铁

(11) C 形夹钳。

C 形夹钳用于在划线时固定工件，如图 2-10 所示。

(12) 中心架。

在划线时，中心架用来对空心的圆形工件定圆心，如图 2-11 所示。

(13) 直角铁。

直角铁一般由铸铁制成，经过刨削和刮削，它的两个垂直平面的垂直精度很高，如图 2-12 所示。直角铁上的孔或槽是在搭压工件时穿螺栓用的，它常与 C 形夹钳配合使用。在工件上划底面垂线时，可将工件底面用 C 形夹钳和压板压紧在直角铁的垂直面上，划线非常方便。

图 2-10　C 形夹钳　　　　图 2-11　中心架　　　　图 2-12　直角铁

(14) 垫铁。

垫铁如图 2-13 所示。

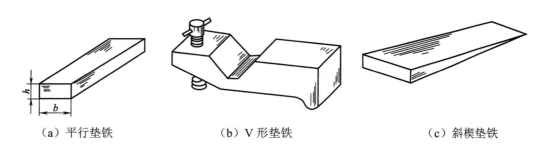

（a）平行垫铁　　　　（b）V 形垫铁　　　　（c）斜楔垫铁

图 2-13　垫铁

（15）高度游标卡尺。

高度游标卡尺的测量范围一般有 0～300mm、0～500mm 等，主要由尺身、紧固螺钉、游标、底座、微调螺钉、划线爪几部分组成，如图 2-14 所示。

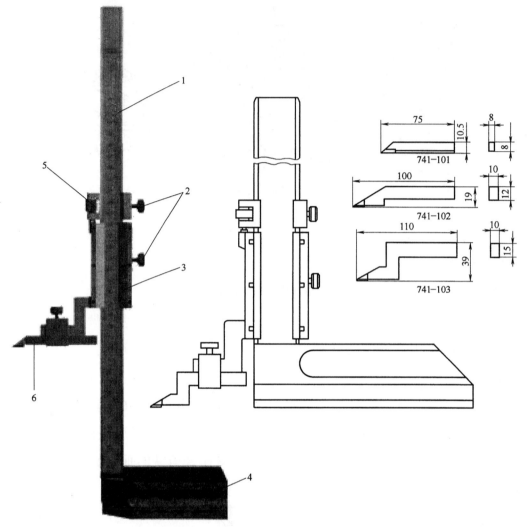

1—尺身；2—紧固螺钉；3—游标；4—底座；5—微调螺钉；6—划线爪

图 2-14　高度游标卡尺

高度游标卡尺的测量工作通过尺框上的划线爪沿着尺身相对于底座位移进行测量或划线，其主要用于测量工件的高度尺寸、相对位置和精密划线。

高度游标卡尺的使用注意事项如下。

① 测量高度尺寸时，应先将高度尺的底座贴合在平板上，移动尺框的划线爪，使其端部与平板接触，检查高度尺的零位是否正确。

② 搬动高度尺时，应握住底座，不允许抓住尺身，否则容易使高度尺跌落或使尺身变形。

③ 划线爪的划尖部分为硬质合金，用来测量高度或划线时，应细心，不可撞击，以防崩刃。

**3）划线用的涂料**

为使工件表面上划出的线条清晰，一般在工件表面的划线部位涂上一层薄而均匀的涂料，常用的涂料有如下几种。

（1）石灰水：应用于铸件、锻件毛坯。

（2）蓝油：应用于已加工表面。

（3）硫酸铜溶液：应用于形状复杂的工件。

## 2．划线基准的选择原则

### 1）划线基准的概念

基准：指图样（或工件）上用来确定其他点、线、面位置的依据。

设计基准：在零件图上用来确定其他点、线、面位置的基准。

划线基准：指在划线时选择工件上的某个点、线、面作为依据，用它来确定工件的各部分尺寸、几何形状及工件上各要素的相对位置。

### 2）划线前的准备工作

（1）应先分析图样，找出设计基准。

（2）使划线基准与设计基准尽量一致。

（3）能够直接量取划线尺寸，简化换算过程。

（4）划线时，应从划线基准开始。

（5）清理工件，对铸件、锻件，应将型砂、毛刺、氧化皮除掉，并用钢丝刷刷净；对于已生锈的半成品，应将浮锈刷掉。

（6）在工件孔中安装中心塞块。

（7）擦净划线平板，准备好划线工具。

划线基准一般可根据以下三个原则来选择。

（1）以两个互相垂直的平面（或线）为基准，如图2-15所示。

（2）以两条互相垂直的中心线为基准，如图2-16所示。

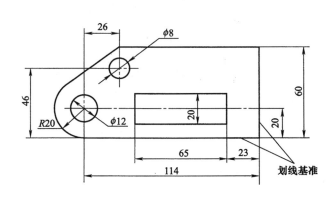

图 2-15　划线基准 1

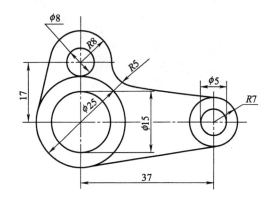

图 2-16　划线基准 2

（3）以一个平面和一条中心线为基准，如图2-17所示。

### 温馨提示

划线时，在工件的每个方向上都需要选择一个划线基准。因此，平面划线一般选择两个划线基准；立体划线一般选择三个划线基准。

### 3. 分度头

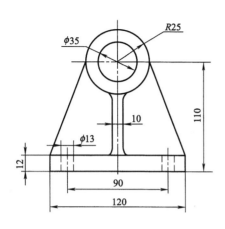

图 2-17 划线基准 3

（1）规格：以分度头主轴中心到底面的高度（mm）表示。例如，在 FW125、FW200、FW250 中，"F"代表分度头，"W"代表万能型，如"FW125"万能分度头，其主轴中心到底面的高度为 125mm。

（2）作用：在分度头的主轴上装有三爪自定心卡盘，把分度头放在划线平板上，配合使用划线盘或量高尺，便可进行分度划线。还可在工件上划出水平线、垂直线、倾斜线、等分线和不等分线。

（3）万能分度头的外形结构与传动原理如图 2-18 和图 2-19 所示。

分度的方法有简单分度、差动分度、直接分度和间接分度等多种。分度头的分度原理：当分度手柄 8 转一周时，蜗杆 3 转一周，与蜗杆啮合的 40 个齿的蜗轮 2 转一个齿，即转 1/40 周。如果对工件进行 $Z$ 等分，则每次分度主轴应转 $1/Z$ 周，分度手柄 8 每次分度应转过的圈数为

$$n = 40/Z$$

式中，$n$——在工件转过每一等份时，分度手柄应转过的圈数；

$Z$——工件等分数。

图 2-18 万能分度头的外形结构

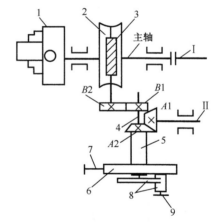

1—三爪自定心卡盘；2—蜗轮；
3—蜗杆；4—心轴；5—套筒；6—分度盘；
7—锁紧螺钉；8—分度手柄；9—插销

图 2-19 万能分度头的传动原理

【例】要在工件的某个圆周上划出均匀分布的 10 个孔，试求出每划完一个孔的位置后，分度手柄转过的圈数。

解：根据公式 $n = 40/Z$，有 $n = 40/10 = 4$。

也就是说，每划完一个孔的位置后，分度手柄应转过 4 圈，再划第 2 个孔的位置。

> **温馨提示**
>
> 用分度头分度时，为使分度准确而迅速，避免每分度一次要数一次孔数，可利用安装在分度头上的分度叉进行计数。分度时，应先按分度的孔数调整好分度叉，再转动手柄。

#### 4．找正和借料

立体划线在很多情况下是对铸件、锻件毛坯进行划线。不少的铸件和锻件都存在歪斜、偏心、壁厚不均匀等缺陷。当偏差不大时，可以通过找正和借料的方法来补救。

**1）找正**

找正就是利用划线工具，使工件的表面处于合适的位置。如图 2-20 所示，在轴承座中，轴承孔处内孔与外圆不同轴，底板厚度不均匀。运用找正的方法，以外圆为依据找正内孔划线，以 1 面为依据找正底面划线。找正划线后，内孔线与上圆同轴，底面厚度比较均匀。找正的技巧主要有如下几种。

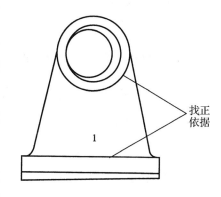

图 2-20　轴承座找正

（1）按毛坯上有不加工表面找正后划线，使加工表面与不加工表面各处的尺寸均匀。

（2）当工件上有两个以上不加工表面时，以面积较大或重要的表面为找正依据，兼顾其他表面，将误差集中到次要或不显眼的部位上去。

（3）当工件均为加工表面时，应按加工表面自身位置进行找正划线，使加工余量均匀分布。

**2）借料**

所谓借料就是通过对工件的试划和调整使原加工表面的加工余量重新分配、互相借用，以保证各加工表面都有足够的加工余量的划线方法。如图 2-21（a）所示，若毛坯内孔和外圆有较大的偏心，则仅仅采用找正的方法无法划出适合的加工线；如图 2-21（b）所示，依据毛坯内孔找正划线，外圆加工余量不够；如图 2-21（c）所示，依据毛坯外圆找正划线，内孔加工余量不够。

通过测量内外圆表面的加工余量判断能否借料。若能，则判断借料的方向和大小后再划线，如图 2-21（d）所示，向毛坯的右上方借料，可以划出加工界限并使内、外圆均有一定的加工余量。

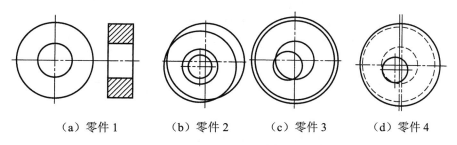

（a）零件 1　　　（b）零件 2　　　（c）零件 3　　　（d）零件 4

图 2-21　找正划线

### 思考与练习

（1）划线的注意事项有哪些？

（2）简述划线基准的选择原则。

（3）常用的划线工具有哪些？并列举具体的应用范围。

（4）常用的划线涂料有哪几种？并说明其应用范围。

（5）划线前应做好哪些准备工作？

（6）要在工件的某圆周上划出均匀分布的8个孔，试求出每划完一个孔的位置后，手柄转过的圈数。

### 技能要求

#### 学习活动1　平面划线实训

平面划线练习图如图2-22所示。

**【操作准备】**

钢直尺、划规、锤子、划针、样冲、90°角尺、划线平板、铜锤。

钢板的尺寸为200mm×200mm×8mm（划完线后锯削练习用）。

**【操作步骤】**

（1）准备划线工具，根据各图合理安排位置。

（2）按编号顺序依次完成图2-22（a）、图2-22（b）、图2-22（c）、图2-22（d）的划线。

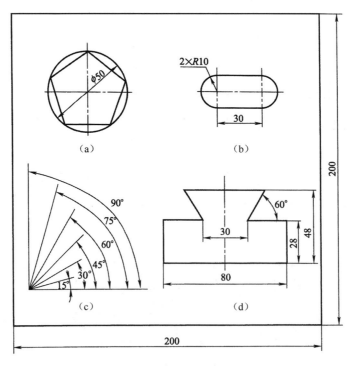

图2-22　平面划线练习图

【注意事项】

（1）看清图样，详细了解工件上需要划线的部位。

（2）正确安放工件和选用划线工具。

（3）划线的原则是先划基准线和位置线，再划加工线，即先划水平线，再划垂直线、斜线，最后划圆、圆弧和曲线。

（4）仔细检查划线的准确性及是否有线条漏划，对错划或漏划的线条应及时改正和补上。

（5）在线条上冲眼。冲眼必须打正，毛坯面要适当深一些，已加工面或薄板件要浅一些、稀一些。精加工面和软材料上可不打样冲眼。

## 学习活动 2　立体划线实训

立体划线练习零件图如图 2-23 所示。

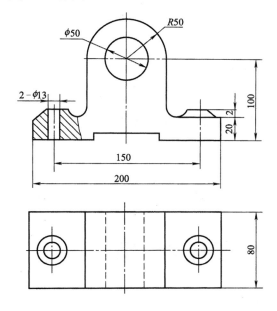

图 2-23　立体划线练习零件图

【操作准备】

千斤顶、划针、样冲、90°角尺、划线平板、锤子等。

【操作步骤】

（1）分析图样，确定划线基准。

（2）清理毛坯残留型砂及氧化皮等，并去除毛刺。

（3）在 φ50 毛坯孔内装好塞块，并在工件表面涂色。

（4）用三个千斤顶支撑毛坯来调整工件高度，划出高度方向的线条，如图 2-24（a）所示。

（5）将工件转过 90°，用角尺找正，划出 φ50 垂直中心线和螺孔中心线，如图 2-24（b）所示。

（6）继续将工件转过 90°，并用角尺对两个方向进行找正，划出螺孔另一方向的中心线和轴承座前后两个端面，如图 2-24（c）所示。

（7）撤下千斤顶，用划规划出两端轴承内孔和两个螺栓孔的圆周线。

（8）复查所有尺寸无误后，在划线上用样冲进行冲眼。

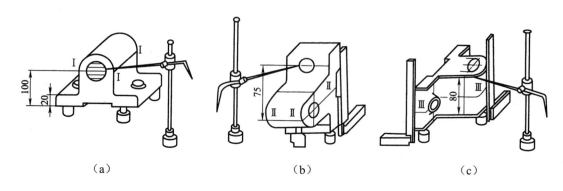

图 2-24　立体划线操作步骤示意图

【注意事项】

（1）正确安放工件和选用工具。

（2）用千斤顶顶毛坯件划线时，要注意防止工件倒下，以免损坏划线平台。

（3）仔细检查划线的准确性及是否有线条漏划，发现错划或漏划应及时改正，保证划线的准确性。

## 知识要求

# 任务 2　锯　　削

### 任务描述

手工锯削是利用手锯锯断金属材料或在工件上进行切槽的加工方法。虽然当前锯床、激光切割等数控设备已广泛使用，但是由于手工锯削具有操作方便、简单和灵活的特点，使得其在单件或小批量生产中，常用于锯断各种原材料及半成品、锯削工件上的多余部分，或在工件上锯出沟槽等，如图 2-25 所示。由此可见，手工锯削是钳工需要掌握的基本操作之一。

锯削课业练习

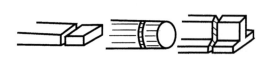
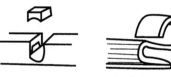
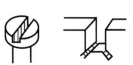

（a）锯断各种原材料及半成品　　　（b）锯削工件上的多余部分　　　（c）在工件上锯出沟槽

图 2-25　锯削的应用

### 知识点

#### 1．锯削工具

**1）手锯**

手锯是钳工用来锯削的手动工具。手锯由锯弓和锯条两部分组成。锯弓用于安装和张紧锯条，有固定式和可调节式两种。

**2）锯条**

锯条一般用渗碳软钢冷轧而成，也有用碳素工具钢或合金工具钢制成的，经热处理淬硬。锯条的长度以两端安装孔的中心距离表示，一般长度为 150～400mm，钳工常用锯条长度为 300mm。锯削软材料时，如软钢、黄铜、铝等应选用粗齿锯条（14～18 齿）；锯削中等硬钢、厚壁的钢管、铜管等时应选用中齿锯条（22～24 齿）；锯削薄片金属、薄壁管子时应选用细齿锯条（32 齿）。

**3）锯路**

在制造锯条时，使锯齿按一定规律左右错开，排列成一定的形状，称为锯路。锯路的作用是使工件上的锯缝宽度大于锯条背部的厚度，从而减少锯削过程中的摩擦、"夹锯"和锯条折断现象的出现，延长锯条的使用寿命。

> 锯条的粗细一般根据加工材料的软硬、切面大小等来选用。粗齿锯条的容屑槽较大，适用于锯削软材料或切面较大的工件；锯削硬材料或切面较小的工件时应该用细齿锯条；锯削管子和薄板时，必须用细齿锯条。

#### 2．锯条安装

因锯条的锯齿具有方向性，手锯向前推进时锯齿进行切削，而在向后返回时锯齿不起切削作用，所以安装锯条时要使齿尖向前，如果装反了，则锯削时锯齿的前角为负值，不能正常锯削，如图 2-26 所示。

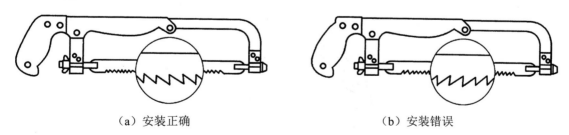

（a）安装正确　　　　　　　　（b）安装错误

图 2-26　锯条的安装

安装锯条时其松紧要适当，以用手扳动锯条感觉硬实即可。若太紧，则锯条失去应有的弹性，在锯削中用力稍有不当，就会折断；若太松，则锯削时锯条容易扭曲、歪斜，易使锯出的锯缝歪斜或锯条折断。安装锯条后还要检查锯条平面与锯弓中心平面是否平行，不得歪斜或扭曲，否则锯削时锯缝极易歪斜。

### 3. 工件的装夹

工件一般夹在虎钳左边，以便操作。伸出钳口不应过长，以防工件在锯削时产生振动。一般锯缝距钳口 20mm 左右为宜。

此外，锯缝线应与钳口侧面保持平行（使锯缝线处于铅垂状态），以便控制锯缝不偏离所划线条。工件夹持要牢固，但要避免将工件夹变形和夹坏已加工表面（为防止夹坏工件的已加工表面，可在虎钳的钳口处放上铜片或铝片等较软的材料）。

### 4. 手锯的握法

手锯的锯法如图 2-27 所示。右手满握锯弓手柄，大拇指压在食指上；左手轻扶在锯弓前端，大拇指搭在锯弓上方，其余四个手指扶在锯弓的前端。

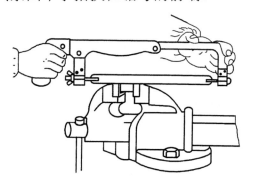

图 2-27　手锯的握法

### 5. 锯削时的站立姿势

锯削时的站立姿势如图 2-28 所示，左脚前跨半步，膝部呈弯曲状态，脚掌与切削方向成 30°夹角，右脚向后伸直，与左脚相距约等于肩宽的距离，脚掌与切削方向成 75°夹角，使身体与切削方向大致成 45°夹角，以保证右手的摆动方向与手锯的运动轨迹一致。保持自然站立，身体重心稍偏向左脚。

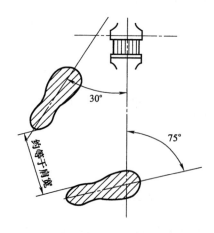

图 2-28　锯削时的站立位置

## 6. 起锯

起锯有远起锯和近起锯两种。为避免锯条卡住或崩裂，一般尽量采用远起锯。起锯时角度要小些，一般不大于 15°，如图 2-29 所示。

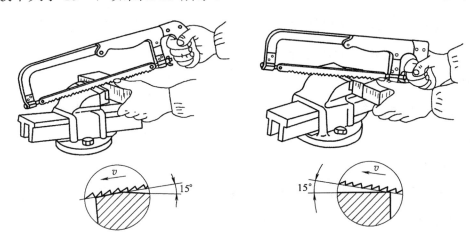

图 2-29　起锯方法

起锯时，压力要轻，同时用拇指挡住锯条，使它正确地锯在所需的位置上，当锯条锯到 2～3mm 的深度时，左手拇指可离开锯条，扶正锯弓，然后向下正常锯削，如图 2-30 所示。起锯角不能太小，太小会使锯齿不易切入，锯条易滑动，从而锯伤工作表面；但也不能太大，否则容易造成锯齿被棱边卡住而崩裂，如图 2-31 所示，这种现象在采用近起锯时尤为突出。

## 7. 锯削动作

锯削动作有两种：一种是直线往复运动，适用于锯削薄形工件和断面有加工纹理要求的工件；另一种是上下摆动式运动，即推进时左手上翘，右手下压，回程时右手上抬，左手自然跟回。

锯削速度一般为 20～40 次/分钟。当锯削较硬的材料时，速度应慢一些，锯削软材料时，速度应快一些。同时，锯削行程应保持均匀，返回行程的速度应相对快一些。正常锯削时，应使锯条的全部有效齿参与切削。

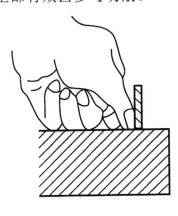

图 2-30　起锯

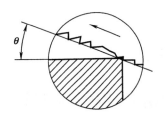

图 2-31　起锯角太大

### 锯削加工时可能出现的问题

1．锯条磨损

当推锯速度过快，所锯工件材料过硬，而未加适当的冷却润滑液时，锯齿与锯缝的摩擦加剧，会造成锯齿部分过热，齿侧迅速磨损，导致锯齿磨损。

2．锯条崩齿

当起锯时起锯角过大、锯齿钩住工件棱边锋角、所选项用的锯条粗细不适应加工对象、推锯过程中角度突然变化、突然碰到硬杂物等时，均会发生崩齿。

3．锯条折断

安装锯条时紧松不当，工件夹持不牢或不妥而产生抖动，锯缝已歪斜而纠正过急，在旧锯缝中使用新锯条而未采取措施等，都容易使锯条折断。

4．锯缝不直或尺寸超差

（1）安装工件时，锯缝线未能与铅垂线方向一致。

（2）锯条安装太松或扭曲。

（3）锯削压力过大使锯条左右偏摆。

（4）起锯时尺寸控制不准确或起锯时锯缝发生歪斜。

（5）锯削过程中没有及时观察锯缝的变化。

8．锯削时的安全知识

（1）锯削时要控制好力道，防止锯条突然折断、失控，使人受伤。

（2）工件将被锯断时，压力要小，避免压力过大使工件突然断开或手向前冲而引起事故。

（3）工件将被锯断时，要用手扶住工件的断开部分，避免其掉下来砸伤脚。

 思考与练习

（1）应如何正确选用锯条？

（2）锯路的定义。

（3）简述锯削的操作要点。

 技能要求

## 学习活动1　锯削基本操作实训

锯削基本操作练习如图2-32所示。

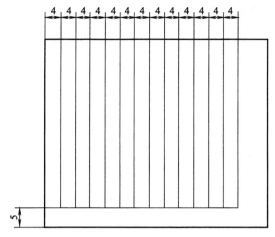

**技术要求**

1. 选用 A3 钢废料，长度不小于 50mm，宽度不小于 40mm。
2. 贴线锯削，所有锯缝之间均匀，直线度误差应小于 0.5mm。

图 2-32  锯削基本操作练习

【操作准备】

手锯、锯条、A3 钢板、划针、钢直尺。

使用划线后的钢板的另一面练习锯削。

【操作步骤】

（1）检查 A3 钢板尺寸。

（2）按图样要求划线。

（3）按所划加工线依次锯削加工，保证直线度误差≤0.5mm，尺寸控制在 (4±0.5)mm 以内。

【注意事项】

（1）锯削速度要适当，保证每分钟在 20~40 次。

（2）锯条安装松紧适度，以免锯条折断，崩出伤人。

（3）锯削时，应使锯条的全部有效齿都参加切削。

## 学习活动 2  圆钢锯削实训

圆钢锯削如图 2-33 所示。

【操作准备】

手锯、锯条、划针、钢直尺、游标卡尺、刀口形直尺。

材料为 45 钢，规格为 $\phi40mm \times \phi60mm$。

【操作步骤】

（1）检查来料尺寸。按图样要求划第一条 2mm 尺寸的加工线。

（2）按锯削棒料方法锯下第一片，应满足尺寸精度、垂直度和平行度的要求。

（3）按照第一片锯削的方法依次锯削七片。

（4）复检各片尺寸均为$(2\pm0.35)$mm。

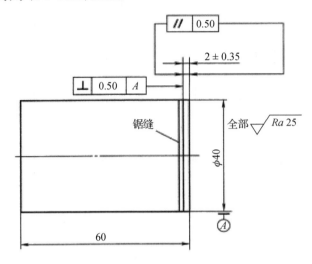

图 2-33 圆钢锯削

【注意事项】

（1）必须锯下一片后再划另一条锯削加工线，以确保每片尺寸在$(2\pm0.35)$mm 以内。

（2）锯削后的工件要去除毛刺，以免影响划线精度。

（3）锯削时可稍加机油，以减少摩擦，增加锯条的使用寿命。

（4）随时注意锯缝的平直情况，及时纠正。

【成绩评定】

| 学　号 | | 姓　名 | | 总　得　分 | |
|---|---|---|---|---|---|
| 项目：圆钢锯削 ||||||
| 序　号 | 质量检查的内容 | 配　分 | 评分标准 | 扣　分 | 得　分 |
| 1 | $(2\pm0.35)$mm | 40 | 超差不得分 | | |
| 2 | ⊥ 0.50 A | 20 | 超差不得分 | | |
| 3 | ∥ 0.50 | 20 | 超差不得分 | | |
| 4 | 表面粗糙度 Ra25μm | 10 | 升高一级不得分 | | |
| 5 | 安全文明生产 | 10 | 违者不得分 | | |

 知识扩展

### 1．薄板料的锯削

对于比较薄的板料，可以将薄板材夹持在两块木块之间，以增加其刚性。锯削时，连同木板一起锯开或用手锯进行横向锯削，如图 2-34 所示。一般薄的板料如果不加木块，锯削时应将锯弓倾斜一定的角度来增加切削面。

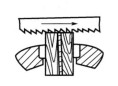
（a）锯条运动的方向

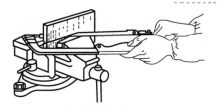
（b）锯削姿势

图 2-34　薄板料的锯削

### 2. 深缝锯削

当锯缝深度超过锯弓高度时，应将锯条转过 90° 重新安装，使锯弓转到工件的旁边；当锯弓横下来后其高度仍不够时，也可以把锯条安装成使锯齿向锯内的方向锯削，如图 2-35 所示。

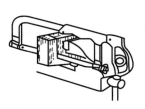
（a）锯弓与深缝平行

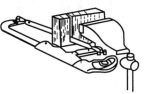
（b）锯弓与深缝垂直

（c）反向锯削

图 2-35　深缝锯削

### 3. 管子的夹持锯削

薄壁管子用 V 形木垫夹持，以防夹扁或夹坏管子表面。锯削管子时要在锯透管壁前向前转一定的角度再锯，否则容易造成锯齿崩断，如图 2-36 所示。

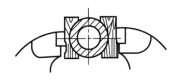
（a）管子的夹持

（b）转位锯削

（c）不正确的锯削

图 2-36　管子的夹持和锯削

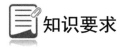
知识要求

## 任务 3　锉　　削

**任务描述**

用锉刀切削工件表面多余的金属材料，使工件达到零件图样要求的形状、尺寸和表面粗糙度等技术要求的加工方法称为锉削。锉削加工简便，工作范围广，可锉削工件上的外平面、内孔及沟槽、曲面和其他复杂的表面。除此之外，一些不便用机械加工的任务也需要锉削来完成。锉削的最高精度可达 0.01mm，表面

锉削课业练习

粗糙度可达 $Ra1.6\mu m$，使用油光锉可达到 $Ra0.8\mu m$。常应用于成型样板、机修配键、模具型腔及部件、机器装配时的工件修整等场合。锉削是钳工的一项重要的基本操作。

### 知识点

#### 1．锉刀

锉刀用高碳工具钢 T12、T13 或 T12A 制成，热处理后其硬度可达 62～72HRC。锉刀由锉身和锉刀柄两部分组成，如图 2-37 所示。锉刀面上有无数个锉齿，锉齿图案的排列方式有单齿纹和双齿纹两种。单齿纹适用于锉削软材料；双齿纹适用于锉削硬材料。

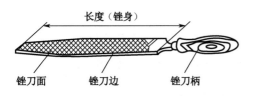

图 2-37 锉刀的组成

**1）锉刀的种类**

（1）普通钳工锉：应用广泛。按断面形状，其可分为平锉、方锉、三角锉、半圆锉、圆锉，如图 2-38 所示。

（2）异形锉：用来锉削工件上的特殊表面，有弯的和直的两种。按断面形状，其可分为刀口锉、菱形锉、扁三角锉、椭圆锉、圆肚锉，如图 2-39 所示。

（3）整形锉（也称什锦锉或组锉）：可用于修整工件上的细小部分。通常以多把不同断面形状的锉刀组成一组，如图 2-40 所示。

图 2-38 普通钳工锉　　　　　图 2-39 异形锉　　　　　图 2-40 整形锉

**2）锉刀的规格**

锉刀的规格有尺寸规格和粗细规格两种表示方法。

（1）尺寸规格：圆锉刀以其断面直径表示尺寸规格；方锉刀以其边长表示尺寸规格；其他锉刀以锉身长度表示尺寸规格。

（2）粗细规格：以锉刀每 10mm 轴向长度内的主锉纹条数来表示。

#### 2．锉削时锉刀的握法

**1）大型锉刀的握法**

大型锉刀的握法如图 2-41（a）所示，右手紧握锉刀柄，柄端顶住掌心，大拇指放在柄的上面，其余手指由下向上握着锉刀柄。

（1）左手握法 1：左手拇指根轻压在锉刀上，拇指自然伸直，其余四指弯向手心，用中指和无名指握住锉刀前端。

（2）左手握法 2：左手掌斜放在锉刀面上，拇指斜放在锉刀面上，其余四指自然弯曲。

（3）左手握法 3：左手掌放在锉刀面前端，其手指自然放平。

**2）中锉刀的握法**

右手同大型锉刀的握法，左手用拇指、食指和中指夹持锉刀前端，如图2-41（b）所示。

**3）小锉刀的握法**

右手同大型锉刀的握法，左手只需用四指压在锉刀面中部即可，如图2-41（c）所示。

**4）最小型锉刀的握法**

只需右手握持，食指轻压在锉刀上面，如图2-41（d）所示。

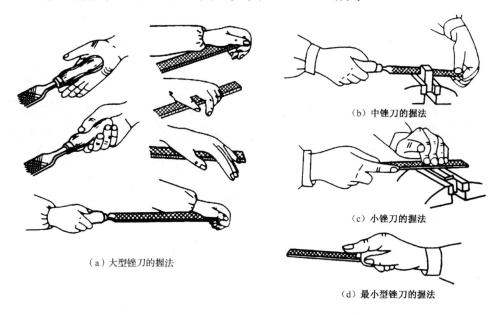

图2-41　锉刀的握法

### 3．锉削操作姿势及操作要点

**1）锉削姿势**

锉削时双脚站立姿势与錾削相同，要求自然，身体放松，如图2-42所示。在锉削过程中，身体重心应放在左脚上；右膝要伸直，左膝部呈弯曲状态，并随锉削的往复运动进行相应的屈伸。

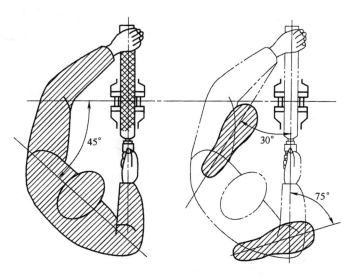

图2-42　锉削时的站立姿势

**2）锉削时身体的动作**

（1）开始时，身体向前倾斜10°左右，右肘尽量向后收缩，如图2-43（a）所示。

（2）当锉刀长度推进1/3行程时，身体前倾15°左右，左膝稍有弯曲，如图2-43（b）所示。

（3）当锉刀长度推进2/3行程时，身体前倾18°左右，如图2-43（c）所示。

（4）当锉刀长度推进最后1/3的行程时，右肘继续推进锉刀，身体则自然地退回至15°左右，如图2-43（d）所示。

（5）锉削行程结束时，手和身体应恢复到原来的姿势，同时将锉刀略微提起退回。

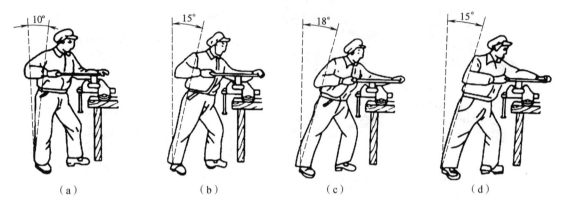

图 2-43 锉削的动姿势和及动作要领

**3）锉削平面时两手的用力**

要锉出平直的平面，必须使锉刀保持直线锉削运动。此时，右手的压力要随锉刀的推动而逐渐增加，左手的压力要随锉刀推动而逐渐减少。回程时不加压力，以减少锉齿的磨损，如图2-44所示。

**4）锉削速度**

锉削时，每分钟锉削40次左右。

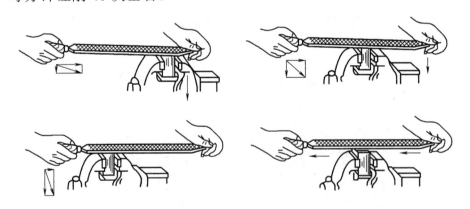

图 2-44 锉削平面时两手的用力

**4．工件的夹持**

（1）工件要夹持在台虎钳的中间处，露出钳口不能过高，以防锉削时产生振动。

（2）工件要夹持牢固，但又不能使工件变形。

（3）夹持对精度要求较高的已加工表面时，钳口应放软金属。

## 5．锉刀的保养

（1）锉刀不可沾油与水。

（2）新锉刀要使用一面，用钝后再使用另一面。

（3）在粗锉时，应充分使用锉刀的有效全长。

（4）锉屑嵌入齿缝时，要用钢丝刷清除。

（5）不可锉毛坯件的硬皮及经过淬硬的工件，应用锉刀的侧面去除硬皮。

（6）锉刀使用完毕时，必须清刷干净。

（7）无论在使用过程中还是在放入工具箱时，都不可将锉刀与其他工具或工件堆放在一起。

## 6．锉削时的注意事项

（1）工具放在工作台上，摆放整齐，不得露在工作台外面。

（2）没有装柄的锉刀或没有锉刀柄箍的锉刀不能使用。

（3）锉削时锉刀柄不能撞击到工件。

（4）不能用嘴吹锉屑，也不能用手擦、摸锉削表面。

（5）锉刀不可用作撬棒或手锤。

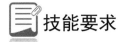

（1）锉削的操作有哪些要领？

（2）锉刀有哪些种类？列举锉刀具体的应用场合。

 技能要求

## 学习活动1　锉削基本操作训练及精度检测实训

【操作准备】

平锉刀、A3钢板、毛刷、铜丝刷、塞尺、刀口直尺、90°刀口角尺等。

【相关知识】

### 1．平面锉削的方法

（1）顺向锉：顺向锉是最普通的锉削方法，锉刀运动方向与工件夹持方向始终一致，锉痕美观，面积不大的平面和最后的精加工大多采用这种方法，如图2-45（a）所示。

（2）交叉锉：即在两个交叉的方向对工件表面进行锉削的方法，锉刀与工件接触面积大，锉刀容易掌握平稳。因此，交叉锉非常适合粗加工，如图2-45（b）所示。

无论是顺向锉还是交叉锉，为了使整个加工面被均匀地锉到，一般在每次抽回锉刀时，依次在横向上适当移动，如图2-46所示。

（3）推锉：即两手对称横握锉刀，用大拇指推动锉刀顺着工件长度方向进行锉削的方法，如图 2-47 所示。锥锉的锉削效率低，适用于加工余量较小和修正尺寸时采用（建议公差在 0.05mm 以下时使用推锉）。

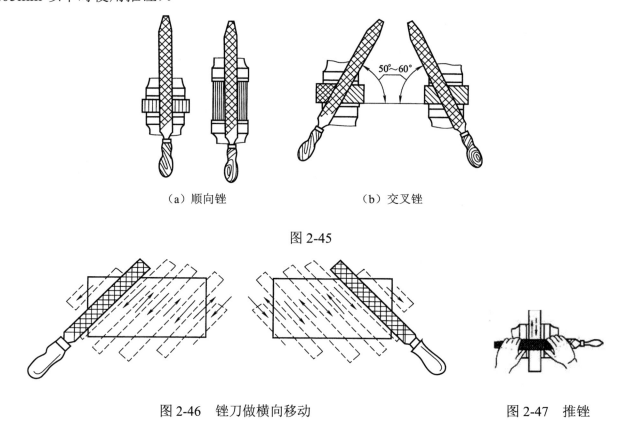

(a) 顺向锉　　　　　　　　(b) 交叉锉

图 2-45

图 2-46　锉刀做横向移动　　　　　图 2-47　推锉

### 2．操作练习步骤

（1）初学者应先练习基本姿势 2～3 小时，等姿势合格、手脚锉削协调后再练习平面锉削。

（2）锉削平面，要控制平面度、垂直度、直线度误差。

顺向锉和交叉锉轮流练习，必须先掌握这两种方法后再使用推锉。推锉只用于精加工，粗加工一般不使用推锉。

### 3．光隙法测量工件形位精度

（1）将工件倒角去毛刺。

（2）用刀口直尺采用透光法来检验工件的平面度误差，如图 2-48 所示。

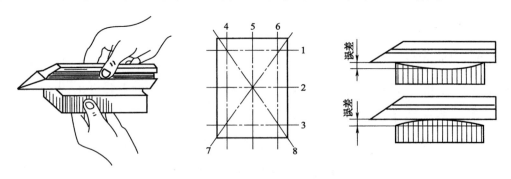

图 2-48　平面度误差检测方法

（3）用 90°刀口角尺采用透光法来检测工件的垂直度误差，如图 2-49 所示。

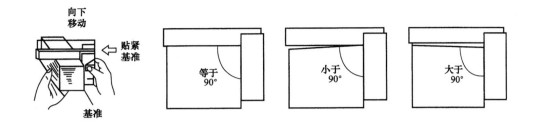

图 2-49　垂直度误差检测方法

（4）用塞尺（见图 2-50）检查工件平面度及垂直度误差值。

图 2-50　塞尺

【注意事项】

（1）进行锉削练习时，要保持锉削姿势正确，随时纠正不正确的姿势动作。

（2）为保证加工表面光洁，在锉钢件时，必须经常用铜刷清除嵌入锉刀齿纹内的锉屑，在齿面上涂抹粉笔可提高加工表面的光洁度，但在使用后应及时清理，防止因锉刀生锈而降低其使用寿命。

（3）测量时要先将工件锐边倒钝，去毛刺（去毛刺时要由里向外），保证测量的准确性。

（4）清理铁屑时，不可以用嘴吹或用手清理，要用毛刷清扫。

（5）要按要求正确摆放工具，不得露出钳台边。

（6）夹持工件已加工面时，应使用保护垫片，对于较大工件要加木垫。

（7）锉刀柄要装牢，不得使用无柄的锉刀。

（8）测量前应将量具的测量面和工件的被测表面擦拭干净。

（9）在使用过程中，量具不能与刀具、工具等堆放在一起。

（10）量具不能当工具使用。

（11）刀口直尺、刀口角尺在测量时不能在工件上拖动。

（12）塞尺在测量时不能用力过大，也不能测量温度较高的工件，用后要擦拭干净，及时合到夹板中。

## 学习活动 2　游标卡尺测量尺寸精度实训

【操作准备】

游标卡尺、工件等。

游标卡尺课业练习

## 【相关知识】

游标卡尺是一种中等精度的量具,常用的有 0.02mm 和 0.05mm 两种。游标卡尺可以直接测量出工件的内径、外径、长度、宽度、深度等。

### 1. 游标卡尺的结构

游标卡尺可分为三用游标卡尺和双面量爪游标卡尺两种,其主要由主尺、副尺、内测量爪、外测量爪、测深杆、锁紧螺钉等组成,如图 2-51 所示。

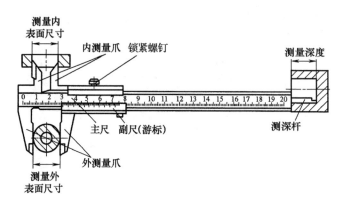

图 2-51 游标卡尺

### 2. 游标卡尺的读法及原理

常用游标卡尺的测量精度按游标每格的读数值有 0.02mm(1/50)和 0.05mm(1/20)两种。

**1)刻线原理**

0.02mm 游标卡尺的刻线原理:尺身每小格为 1mm,当两个量爪合并时,游标上的 50 格刚好与尺身上的 49mm 对正。尺身与游标每格之差为 1－49/50＝0.02(mm),所以它的测量精度为 0.02mm。

0.05mm 游标卡尺的刻线原理:尺身每小格为 1mm,当两个测量爪合并时,游标上的 20 格刚好与尺身上的 19 mm 对正。尺身与游标每格之差为 1－19/20＝0.05(mm),所以它的测量精度为 0.05mm。

**2)读数方法**

读数时,首先读出游标零线左面尺身上的整毫米数,其次看游标上哪一条刻线与尺身对齐,乘以游标卡尺的测量精度值,读出小数部分,最后把尺身和游标上的尺寸相加。图 2-52 所示为 0.02mm 游标卡尺的读数示例。

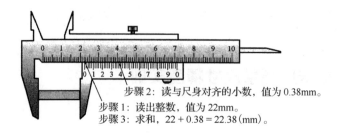

图 2-52 0.02mm 游标卡尺的读数示例

想一想

你能正确读出图2-53中的数值吗？

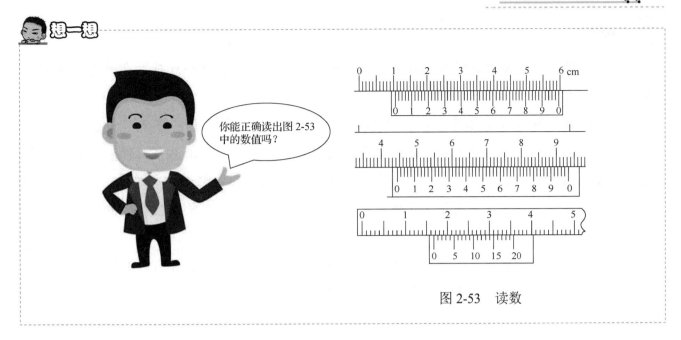

图2-53 读数

**3）游标卡尺的测量范围和精度**

三用游标卡尺按测量范围有0～125mm和0～150mm两种；双面量爪游标卡尺按测量范围有0～200mm和0～300mm两种。表2-1所示为游标卡尺的适用范围。

表2-1 游标卡尺的适用范围

| 测量精度/mm | 适用范围 |
| --- | --- |
| 0.02 | IT11～IT16 |
| 0.05 | IT12～IT16 |

### 3．其他游标卡尺

（1）电子数显游标卡尺。

电子数显卡尺特点是读数直观准确，使用方便且功能多样，如图2-54所示。当电子数显卡尺测得某一尺寸时，数字显示部分就清晰地显示出测量结果。使用米制英制转换键，可用米制和英制两种长度单位分别进行测量。

（2）深度游标卡尺：用来测量高度、孔深和槽深，如图2-55所示。

（3）高度游标卡尺：用来测量零件的高度和划线。

（3）齿厚游标卡尺：用来测量齿轮（或蜗杆）的弦齿厚或弦齿高，如图2-56所示。

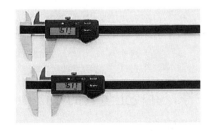
图2-54 电子数显游标卡尺

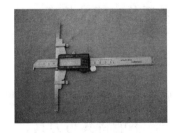
图2-55 深度游标卡尺

图2-56 齿厚游标卡尺

> **温馨提示**
>
> （1）测量前，要校对游标卡尺的零位，检查量爪是否平行、两个量爪贴合时有无漏光现象，若有问题应及时检修。
>
> （2）读数时应与尺面垂直。不允许测量运动中的工件。长工件应多测几处。
>
> （3）测量外尺寸时，量爪应张开到略大于被测尺寸，以固定量爪贴住工件，用轻微压力把活动量爪推向工件，卡尺测量面的连线应垂直于测量面，不能偏斜。
>
> （4）测量内尺寸时，量爪开度应略小于被测尺寸。测量时两个量爪应在孔的直径上，不得倾斜，以免造成测量误差。
>
> （5）测量孔深或高度尺寸时，应使深度尺的测量面紧贴孔底，游标卡尺的端面与被测件的表面接触，且深度尺要垂直，不可前后左右倾斜。

**【操作练习】**

（1）准备要测量的工件，如图 2-57 所示。

（2）将工件倒角去毛刺。

（3）用游标卡尺测量工件的外形尺寸、深度尺寸及槽宽（测量尺寸 1、2、3、4、5），并将测得的数值写入表 2-2。

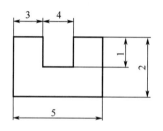

图 2-57 测量工件

表 2-2 测量结果

| 序号 | 1 | 2 | 3 | 4 | 5 | |
|---|---|---|---|---|---|---|
| 数值 | | | | | | |

> **温馨提示**
>
> 分组进行测量，测量完后，教师给出标准答案。

**【注意事项】**

（1）测量前应将游标卡尺的测量面和工件的被测面擦拭干净，并校正量具的零位。

（2）在使用游标卡尺的过程中，不能将其与刀具、工具等堆放在一起。

（3）游标卡尺不能当工具使用。

（4）不要把游标卡尺放在磁场附近，以免量具磁化。

(5)游标卡尺应保持清洁,使用量具后应及时擦拭干净,涂防锈油并放入量具盒内,存放于干燥处。

思考与练习

(1)简述游标卡尺的读数方法。

(2)常用的游标卡尺有哪几种?

## 学习活动 3　锉削长方体实训

锉削长方体零件图如图 2-58 所示。

【操作准备】

A3 方钢、毛刷、铜丝刷、塞尺、刀口直尺、90°刀口角尺等。

(1)下料 101mm × 23mm × 21mm。

(2)锉削基准面 1,保证满足平面度和表面粗糙的度要求。

(3)以面 1 为基准锉削面 2,保证满足形位公差及表面粗糙度的要求,如图 2-59 所示。

(4)锉削面 3,保证满足平面度和表面粗糙度,以及面 1 和面 2 的垂直度要求,如图 2-59 所示。

(5)锉削面 4,控制尺寸 $22^{+0.05}_{-0.04}$,保证满足形位公差及表面粗糙的度要求,如图 2-59 所示。

(6)锉削面 5,控制尺寸 $20^{+0.05}_{-0.04}$,保证满足形位公差及表面粗糙度的要求,如图 2-59 所示。

(7)锉削面 6,控制尺寸 $100^{+0.12}_{0}$,保证满足形位公差及表面粗糙度的要求,如图 2-59 所示。

(8)锐边去毛刺。

(9)复查所有尺寸。

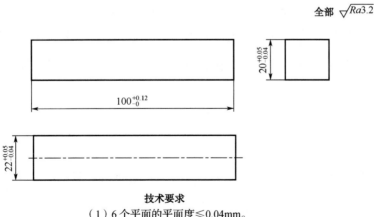

图 2-58　锉削长方体零件图

【注意事项】

(1)锉削时控制好加工余量,避免超差。

（2）进行精加工时，涂粉笔灰，并采用顺向锉削方法。

（3）测量垂直度时锐边要去毛刺，用尺要正确，从而保证测量的准确性。

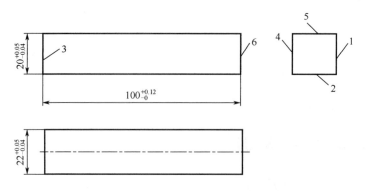

图 2-59　锉削长方体零件技术要求

## 任务 4　孔加工

孔加工是钳工重要的操作技能之一。孔加工的方法通常有两类：一类是用钻头在实体材料上加工出孔的操作；另一类是对已有孔进行再加工，即用扩孔钻、锪钻（可用麻花钻改制）和铰刀等进行扩孔、锪孔和铰孔加工等。

孔加工课业练习

在制作过程中，各种类型的模具和机器零件对孔的形状和位置精度的要求较高，如果达不到精度要求，模具和零件的装配过程将无法正常进行。如果孔径较大而不能一次性直接钻出，那么就需要进行扩孔钻削（扩孔钻也可用麻花钻改制）。对精度要求较高的孔，不能直接钻出，需要留有一定余量，用铰刀进行铰孔操作来达到精度要求。装配模具时，用螺钉固定模板，螺钉头部不能直接裸露在模板上，因此需要进行锪孔操作，将螺钉头部沉到模板中。

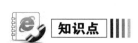

用钻头在实体材料上加工孔的方法称为钻孔，如图 2-60 所示。钻削时钻头是在半封闭的状态下进行切削的，转速高、切削量大、排屑困难、摩擦严重、钻头易抖动、加工精度低，钻孔尺寸精度只能达到 IT11～IT10，表面粗糙度 $Ra$ 的值为 12.5～50μm。

### 1. 钻床的种类

钻床的种类和形式很多，除多头钻床和专业化钻床外，平时钻孔常用的钻床有台式钻床、立式钻床和摇臂钻床三类，如图 2-61 所示。

图 2-60 钻孔

（a）台式钻床　　　　　（b）立式钻床　　　　　（c）摇臂钻床

图 2-61 钻床

台式钻床转速高、效率高，使用方便灵活，适合于小工件的钻孔；立式钻床有多种型号，钻孔直径有 25mm、35mm、40mm、50mm 等几种，可用来钻孔、铰孔、攻螺纹；摇臂钻床是依靠移动钻轴来对准钻孔中心进行钻孔的，操作省力、灵活，适用于大型工件上平行孔系的加工，其最大钻孔直径可达 80mm，应用广泛。

在钳工操作中，当工件很大，不能放置在钻床上钻孔，或者由于所钻的孔在工件上所处的位置不能采用钻床钻孔时，可采用手电钻如图 2-62 所示钻孔。手电钻的规格（钻孔直径）有 6mm、10mm、13mm 等几种，在使用电钻钻孔时，保证电气安全极为重要。操作 220V 的电钻时，要采用相应的安全措施。使用 36V 的电钻时相对比较安全，若使用双绝缘结构的电钻，则不必另加安全措施。

图 2-62 手电钻

## 2. 钻头

钻头的种类较多，如麻花钻、扇钻、深孔钻、中心钻等，如图 2-63 所示。其中，麻花钻是目前孔加工中应用最广泛的刀具，一般用高速钢（W18Cr4V 或 W9Cr4V2）制成，淬火后硬度可达 62～68HRC，它由柄部、颈部及工作部分组成。

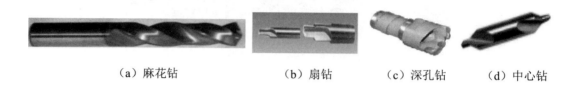

（a）麻花钻　　　（b）扇钻　　　（c）深孔钻　　　（d）中心钻

图 2-63　钻头种类

柄部是钻头的夹持部分，用于定心和传递动力，有锥柄和直柄两种，一般直径小于 13mm 的钻头做成直柄；直径大于 13mm 的钻头做成锥柄；颈部在磨制钻头时作为退刀槽使用，通常钻头的规格、材料和商标也打印在此处；麻花钻的工作部分由切削部分和导向部分组成。标准麻花钻的切削部分由五刃（两条主切削刃、两条副切削刃和一条横刃）、六面（两个前刀面、两个后刀面和两个副后刀面）组成，如图 2-64 所示。导向部分主要用来保持麻花钻钻孔时的正确方向并修光孔壁。两条螺旋槽的作用是形成切削刃，便于容屑、排屑和输入切削液。外缘处有两条棱带，其直径略有倒锥（0.05～0.1/100mm），用以导向和减少钻头与孔壁的摩擦。

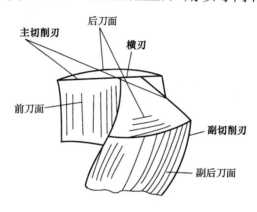

图 2-64　钻头的切削部分

## 3. 提高钻孔质量的方法

钻孔时影响钻孔质量的因素有很多，如钻孔前的划线、钻头的刃磨、工件的夹持、钻削时的切削用量的选择、试钻及一些具体操作方法都将对钻孔质量产生影响，甚至造成废品。因此，要保证或提高钻孔质量，就必须做到以下几点。

**1）认真做好钻孔前的准备工作**

（1）根据工件的钻孔要求，在工件上正确划线，检查后打样冲眼，孔中心的样冲眼要打得大一些、深一些。

（2）根据工件形状和钻孔的精度要求，采用合适的夹持方法，使工件在钻削过程中保持正确的位置。

（3）正确刃磨钻头，按材料的性质决定顶角的大小，并可根据具体情况对钻头进行修磨，改进钻头的切削性能。

**2）掌握正确的钻削方法**

（1）选定合适的钻孔设备，选择合理的切削用量。

（2）钻孔时，先进行试钻，如果发现钻孔中心偏移，应采取借正的方法，位置借正后再正式钻孔。孔钻穿时，要减少进给量。

（3）根据不同材料，正确选择切削液。

（4）钻孔时可能出现的问题和问题产生的原因如表 2-3 所示。

表 2-3  钻孔时可能出现的问题和问题产生的原因

| 可能出现的问题 | 问题产生的原因 |
| --- | --- |
| 孔大于规定尺寸 | （1）钻头两切削刃长度不等，高低不一致。<br>（2）钻床主轴径向偏摆或工作台未锁紧。<br>（3）钻头本身弯曲或装夹不好，使钻头有过大的径向跳动现象 |
| 孔壁粗糙 | （1）钻头不锋利。<br>（2）进给量太大。<br>（3）切削液选用不当或供应不足。<br>（4）钻头过短，排屑槽堵塞 |
| 孔位偏移 | （1）工件划线不正确。<br>（2）钻头横刃太长，定心不准，起钻过偏而没有校正 |
| 孔歪斜 | （1）工件上与孔垂直的平面与主轴不垂直或钻床主轴与台面不垂直。<br>（2）安装工件时，安装接触面上的切屑未清干净。<br>（3）工件装夹不牢，钻孔时歪斜，或工件有砂眼。<br>（4）进给量过大使钻头产生弯曲变形 |
| 钻孔呈多角形 | （1）钻头后角太大。<br>（2）钻头两主切削刃长短不一，角度不对称 |
| 钻头工作部分折断 | （1）钻头用钝后仍继续钻孔。<br>（2）钻孔时未经常退钻排屑，使切屑在钻头螺旋槽内阻塞。<br>（3）孔将钻通时没有减小进给量。<br>（4）进给量过大。<br>（5）工件未夹紧，钻孔时松动。<br>（6）在钻黄铜类软金属时，钻头后角太大，前角又没有修磨小，造成扎刀 |
| 切削刃迅速磨损或碎裂 | （1）切削速度太快。<br>（2）没有根据工件材料的硬度来刃磨钻头角度。<br>（3）工件表面或内部硬度高，或者有砂眼。<br>（4）进给量过大。<br>（5）切削液不足 |

**4．钻孔用的夹具**

钻孔用的夹具主要包括钻头夹具和工件夹具两种。

（1）钻头夹具：常用的钻头夹具是钻夹头和钻套。

① 钻夹头（见图 2-65）：适用于装夹直柄钻头。钻夹头柄部是圆锥面，可与钻床主轴内孔配合安装，头部的三个爪可通过紧固扳手转动，使其同时张开或合拢。

② 钻套（见图 2-66）：又称过渡套筒，用于装夹锥柄钻头。钻套一端孔安装钻头，另一端外锥面接钻床主轴内锥孔。

图 2-65　钻夹头

图 2-66　钻套

（2）工件夹具：常用的夹具有台虎钳、平口钳（见图 2-67）、V 形铁和压板（见图 2-68）等。装夹工件要牢固可靠，但又不准将工件夹得过紧造成损伤，或者使工件变形而影响钻孔质量（特别是对薄壁工件和小工件）。

图 2-67　平口钳

图 2-68　压板

### 5. 钻孔安全知识

（1）工作前一定要检查并排除钻床周围的障碍物。

（2）工作中严禁戴手套，女工一定要戴工作帽。

（3）严禁开机后用手去拧紧钻夹头和用棉纱、油布擦拭主轴；变速前应先停机。

（4）严禁用手、用棉纱去清除切屑或用嘴吹切屑，应使用毛刷或专用铁钩清理切屑。

（5）工件应夹紧，不能直接用手拿工件钻孔，必须用夹具夹牢工件才可以钻孔。

（6）钻通孔时，要防止钻坏钻床工作台。

（7）搬运、吊装工件时，应小心谨慎，防止伤人。

（8）注意安全用电。

（9）钻头用钝时要及时修磨。

### 思考与练习

（1）钻孔时应如何选用切削液？

（2）标准麻花钻存在哪些缺点？对钻削有何不良影响？

（3）试述标准麻花钻顶角、前角、后角和横刃斜角的定义。

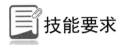技能要求

## 学习活动 1　钻孔操作实训

钻孔操作如图 2-69 所示。

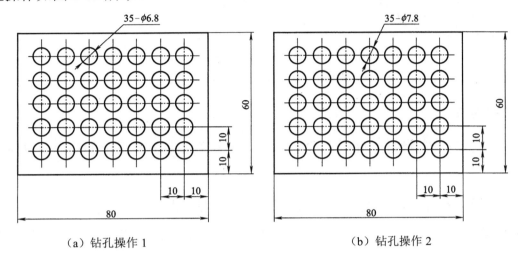

(a) 钻孔操作 1　　　　　　　　(b) 钻孔操作 2

图 2-69　钻孔操作

【操作准备】

台式钻床、划线工具、钻头、冷却液等。

图 2-69（b）先用 ⌀5mm 的钻头钻孔，余量用来在下一课题中扩孔用。

【相关知识】

1．划线、打样冲眼

（1）工件的孔中心线一般采用划针和钢尺划出，对孔距精度要求较高的孔中心线可用划线高度尺划出。

（2）孔径线可用划规划圆周线，也可划方框线（俗称田字线），直径较大的孔可划几层检查线。

（3）划线后应用卡尺检查划线是否正确。

（4）为了增强钻孔时的定心作用，孔中心都要打样冲眼，样冲的角度应为 90°。打样冲眼时，先将样冲倾斜，样冲尖对准划线中心，扶正后用手锤轻敲，检查是否正对划线中心，如未对准划线中心，可倾斜样冲向相反方向纠正；检查正确后，扶正样冲重敲，加深样冲眼，如图 2-70 所示。

2．工件的装夹

（1）工件装夹前应清理干净，去除毛刺，以免影响装夹精度。

（2）工件在机用虎钳上装夹时应使用平行垫铁。

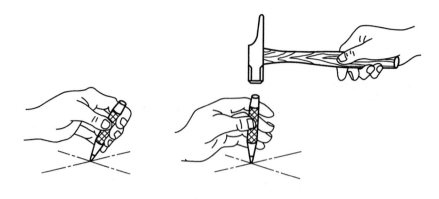

图 2-70 打样冲的方法

### 3. 钻头的装夹

（1）装夹钻头时，应修磨掉直柄上的毛刺，清理干净钻夹头卡爪上的铁屑，以免影响装夹精度。

（2）装夹时钻头不能露出太长或太短，以免影响钻头的刚性及排屑效果。

（3）装拆钻头时必须使用钻夹头钥匙，不得敲击钻夹头，以免损坏钻夹头及主轴精度。

### 4. 钻孔操作

（1）对刀：对刀是钻孔时将钻头中心对准工件孔中心（对刀时应先开主轴旋转钻头再对准孔中心），并钻出与孔中心同轴的定位浅坑；主要目的是确定钻孔位置是否正确。

由于使用的钻床不同，对刀操作也有所不同：在台钻上钻孔时常采用机用虎钳装夹，由于钻孔直径较小，平口钳一般不固定，因此对刀时是移动工件来对准钻头中心的；在立钻上钻孔通常先对正工件中心后再固定平口钳或锁紧压板；在摇臂钻床上钻孔时先固定工件，启动主轴后，移动钻头来对正孔中心，对正后再锁紧摇臂与横梁。

（2）钻孔：对正工件后即可进行钻孔，选择合适的钻床转速，使用手动或自动进给进行钻削加工，同时加注切削液（钻铸铁时不用加），钻孔过程中应及时提刀排屑；当孔要钻穿时，应切断自动进给并减少手动进给力，防止扎刀。

**【注意事项】**

（1）开机时，应检查是否已取下主轴上的钻夹头钥匙、套筒上的扁铁，以防飞出伤人。

（2）主轴停机时不能用手去刹车，以防发生事故。

（3）工件要钻穿时，应切断自动进给和减少进给力，防止扎刀发生事故。

（4）钻孔时，如钻出的定位浅坑与孔中心不同轴，则应进行纠正，其方法如下所示。

① 当偏移量较少时，将钻头抵住定位浅坑，用力将工件向偏移的反方向推移，用主切削刃的刮削来达到纠正目的。

② 当偏移量较大时，可在偏移的反方向上打样冲眼或用錾子錾出几条槽。

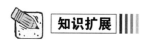

### 钻孔常见问题及解决方法

（1）孔钻偏：样冲眼打得太小，定心不准；没有及时纠正，导致孔钻偏了。解决办法：样冲眼适当打深些，钻孔时要及时检查孔中心是否对正。

（2）孔口呈喇叭形：钻头的后角太大，钻头后刀面与工件接触不稳，产生振动。解决办法：及时修磨钻头后角。

（3）孔径钻大：钻头刃磨不对称，导致钻出的孔径过大。解决办法：及时修磨钻头，保证对称。

（4）钻孔困难，孔壁表面粗糙，孔口毛刺太大：钻头不锋利或进给量过大导致。解决办法：应及时修磨钻头，降低进给量。

（5）钻孔时发出刺耳的声音：钻孔转速太快，切削温度过高，导致钻头发热磨损。解决办法：降低转速，及时冷却工件。

（6）孔不垂直：工件装夹不正确，导致工件歪斜；工件内有硬点，导致钻头偏斜。解决办法：采用平行垫铁装夹，及时检查装夹的位置是否正确，如果不是装夹问题，还应检查钻孔设备主轴和工作台的精度。

## 学习活动 2　扩孔操作实训

**【操作准备】**

扩孔钻、台式钻床、平口钳等。

**【相关知识】**

用扩孔刀具对工件上原有的孔进行扩大的加工称为扩孔。扩孔后，孔的公差等级一般可达 IT9～IT10，表面粗糙度可达到 $Ra3.2$～$12.5\mu m$。

### 1. 扩孔的应用

由于扩孔的切削条件比钻孔有较大的改善，所以扩孔钻的结构与麻花钻有很大的区别。扩孔属于孔的半精加工方法，利用扩孔钻对已钻出的孔进一步加工，以扩大孔径、提高精度并降低表面粗糙度值。扩孔常作为孔的半精加工和铰削前的预加工，也可作为精度不高的孔的终加工。

### 2. 扩孔钻的结构

直径为 10～32mm 的扩孔钻为锥柄扩孔钻，如图 2-71 所示；直径为 25～80mm 的扩孔钻为套式扩孔钻，如图 2-72 所示。

扩孔钻的结构特点：扩孔中心不切削，所以扩孔钻没有横刃，切削刃较短。其背吃刀量小，容屑槽较小、较浅，钻心较粗，刀齿增加，整体式扩孔钻有 3～4 齿。基于上述特点，扩孔钻具有较好的刚度、导向性和切削稳定性，从而能在保证质量的前提下增大切削用量。

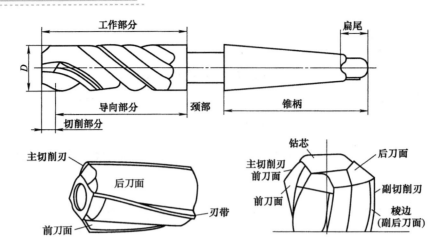

图 2-71 扩孔钻的结构

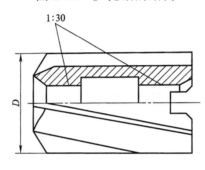

图 2-72 套式扩孔钻

### 3. 扩孔切削用量的选择

（1）扩孔前钻孔直径的确定。用麻花钻扩孔，扩孔前钻孔直径为要求的孔径的 50%～70%；用扩孔钻扩孔时，扩孔前钻孔直径为要求的孔径的 90%。

（2）扩孔时的吃刀量。扩孔时的背吃刀量为：

$$背吃刀量 = \frac{1}{2}(D - d)$$

式中，$d$——原有孔的直径（mm）；

$D$——扩孔后的直径（mm）。

扩孔时，切削速度为钻孔的 1/2，进给量为钻孔的 1.5～2 倍。

在实际生产中，一般用麻花钻代替扩孔钻，扩孔钻使用于成批大量扩孔加工。用麻花钻扩孔时，因横刃不参加切削，轴向切削抗力较小，所以要适当减小钻头后角，防止在扩孔时扎刀。

#### 温馨提示

**扩孔时常见弊病产生的原因及预防措施**

（1）孔轴线与底平面不垂直，其主要原因是钻床主轴与工作台不垂直，或者工件底面与工作台平面之间有杂物，可通过调整机床主轴与工作台的垂直度来解决。

（2）孔呈椭圆形，其主要原因是钻床主轴径向圆跳动或工件装夹不牢固。可通过调整主轴精度来解决。

（3）孔呈圆锥形，其主要原因是刀具磨损或崩刃。其解决方法为重磨刀具。

（4）表面粗糙度差，其主要原因是刀具磨损或后角太大、切削液的润滑性能差或供应不足、进给量太大。其解决办法是重磨刀具并减小刀具的后角，选择性能好的切削液及减小进给量。

（5）扩孔位置偏斜或歪斜，其主要原因是预钻孔后，刀具和工件的相对位置发生了变化。其解决办法是钻孔后就换成扩孔钻进行扩孔。

【操作练习】

（1）用图 2-69（b）所示的工件来进行扩孔练习。

（2）通过扩孔练习，提高钻孔精度。

（3）通过反复练习，掌握扩孔方法。

【注意事项】

（1）扩孔时工件装夹牢固，防止扩孔时钻头扎刀伤人。

（2）扩孔时选择适当的转速，进给量要合理。

（3）钻头用钝时，要及时刃磨。

## 学习活动 3  锪孔操作实训

【操作准备】

柱形锪钻、麻花钻、M6 沉头螺钉、M6 内六角螺钉等。

【相关知识】

### 1. 锪孔的形式和作用

锪孔是用锪孔刀具在孔口表面加工出一定形状的孔或表面。例如，锪圆柱形沉头孔、锪锥形沉头孔、锪凸台平面，如图 2-73 所示。

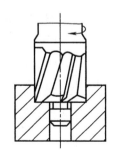
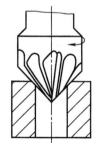
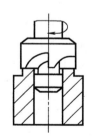

（a）锪圆柱形沉头孔　　（b）锪锥形沉头孔　　（c）锪凸台平面

图 2-73　锪孔形式

### 2. 锪孔钻的结构特点

锪钻是标准刀具，由专业厂制造，当没有标准锪钻时，也可用麻花钻或高速钢片改制成锪孔刀具。

（1）柱形锪钻：这种锪钻适用于加工六角螺栓、带垫圈的六角螺母、圆柱头螺钉、圆柱头内六角螺钉的沉头孔。

（2）锥形锪钻：适用于加工沉头孔和倒角等。

（3）端面锪钻：适用于加工螺栓孔凸台、凸缘表面。

### 3．锪孔的操作要点

锪孔的方法与钻孔的方法基本相同。锪孔操作不当时，容易在所锪平面或锥面上出现振痕。为了避免出现这种现象，应注意以下几点。

（1）用麻花钻改制的锪钻要尽量短，以减少锪削过程中的振动。

（2）锪钻的前角、后角不能太大，后面上要修磨一条零后角的消振棱。

（3）用麻花钻改制的锪钻锪削圆柱形沉头孔之前，先用相同规格的普通麻花钻扩出一个台阶孔作为导向，其深度略浅于圆柱形沉头孔的深度，然后用改制锪钻锪平圆柱形沉头孔的底面。

（4）锪削时切削速度应比钻孔时低，一般为钻孔切削速度的1/3～1/2，甚至利用钻床停机后主轴的惯性进行锪削。

（5）锪钻的刀杆和刀片及工件都要求装夹牢固。

（6）当锪削至所需深度时，应停止进给，继续旋转几圈后才提起。

（7）锪削钢件时要加切削液，导柱表面加润滑油。

### 4．锪孔时常见弊病的产生原因和防止方法

锪孔时常见弊病的产生原因和防止方法如表2-4所示。

表2-4　锪孔时常见弊病的产生原因和防止方法

| 弊病形式 | 产　生　原　因 | 防　止　方　法 |
| --- | --- | --- |
| 锥面、平面呈多角形 | （1）前角太大，有扎刀现象。<br>（2）锪削速度太高。<br>（3）选择切削液不当。<br>（4）工件或刀具装夹不牢固。<br>（5）锪钻切削刃不对称 | （1）减小前角。<br>（2）降低锪削速度。<br>（3）合理选择切削液。<br>（4）重新装夹工件和刀具。<br>（5）正确刃磨 |
| 平面呈凹凸形 | 锪钻切削刃与刀杆旋转轴线不垂直 | 正确刃磨和安装锪钻 |
| 表面粗糙度差 | （1）锪钻几何参数不合理。<br>（2）选用切削液不当。<br>（3）刀具磨损 | （1）正确刃磨。<br>（2）合理选择切削液。<br>（3）重新刃磨 |

### 5．刃磨锪孔钻

（1）将$\phi$12mm的麻花钻改为90°锥角的锥形锪钻，如图2-74所示。

（2）将$\phi$11mm的麻花钻改为不带导柱的柱形锪钻，如图2-75所示。

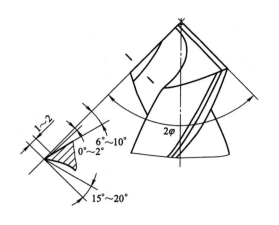

图 2-74 锥形锪钻

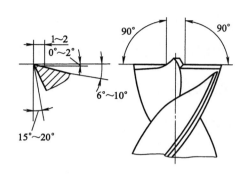

图 2-75 柱形锪钻

**【操作练习】**

（1）按图样要求划线，如图 2-76 所示。

（2）钻 4×$\phi$7mm 的孔。

（3）用改制的锥形锪钻锪 90°锥形孔，深度达到图样要求，并用 M6 沉头螺钉做试配实验（一般来讲，螺钉低于工件表面 1mm 为宜）。

（4）用改制的柱形锪钻或用专用的柱形锪钻在工件的另一面锪出 4×$\phi$11mm 的柱形埋头孔，深度达到图样要求，并用 M6 内六角螺钉进行试配检查。

**【注意事项】**

（1）锪孔时，当出现多角形振纹等加工缺陷时，应立即停止加工。造成缺陷的原因可能是钻头刃磨不当、锪削速度太高、切削液选择不当、工件装夹不牢等，应找出问题并及时进行修正。

（2）用麻花钻改制的锪钻要尽量短，以减少锪削过程中的振动。

（3）锪钻的前角、后角不能太大，后刀面上要修磨一条零后角的消振棱。

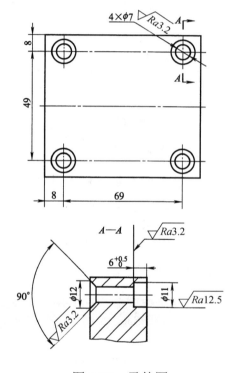

图 2-76 零件图

（4）锪孔深度可用钻床上的定位尺来进行控制。

（5）锪削时的切削速度应比钻孔时低，一般为钻孔切削速度的 1/3～1/2，甚至利用钻床停机后主轴的惯性进行锪削。

## 学习活动 4　铰孔操作实训

**【操作准备】**

A3 钢（50.5 mm×50.5 mm×8mm）、钻头、手用铰刀、铰杠、切削油等。

【相关知识】

用铰刀从工件孔壁上切除微量金属层，以获得较高尺寸精度和较小表面粗糙度值的方法称为铰孔。铰削后孔的公差等级可达 IT9～IT7，表面粗糙度可达 $Ra0.8$～$3.2\mu m$。

### 1．铰刀的种类及应用

铰刀是孔的精加工刀具，其切削余量少，齿数多，刚性和导向性较好。铰刀的使用范围较广，常用高速钢或高碳钢制成。其种类较多，按使用方式可分手用铰刀和机用铰刀两种；按铰刀结构可分为整体式铰刀、套式铰刀和调节式铰刀三种；按切削部分材料可分为高速钢铰刀和硬质合金铰刀；按铰刀用途可分为圆柱铰刀和锥度铰刀。

模具钳工常用的铰刀有整体式圆柱铰刀、整体式锥度铰刀和手用可调节式圆柱铰刀。

**1）整体式圆柱铰刀**

整体式圆柱铰刀按齿槽形式可分为直槽铰刀和螺旋槽铰刀两种。

（1）直槽整体式圆柱铰刀。

整体式圆柱铰刀由工作部分、颈部和柄部组成。铰刀的齿数一般为 4～8 齿，为测量直径方便，多采用偶数齿，如图 2-77 所示。

（2）螺旋槽整体式圆柱铰刀。

螺旋槽整体式圆柱铰刀具有切削轻快、平稳、排屑好、刀具使用寿命长、铰孔质量好等优点，有左螺旋和右螺旋两种，如图 2-78 所示。右螺旋槽铰刀切削时切屑向后排出，适用于加工盲孔，但是铰削时产生的轴向分力和进给方向相同，容易使铰刀产生自动旋进的现象，所以使用右螺旋槽铰刀时要选择较小的切削用量；左螺旋槽铰刀切削时切屑向前排出，所以适用于铰削通孔，铰削时的轴向分力压向主轴，铰刀容易夹牢。螺旋槽整体式圆柱铰刀在模具制造中的应用最广泛。

图 2-77　直槽整体式圆柱铰刀

图 2-78　螺旋槽整体式圆柱铰刀

**2）整体式锥度铰刀**

整体式锥度铰刀适用于铰削各种圆锥孔，如图 2-79 所示。常用的整体式锥度铰刀有以下几种。

图 2-79　整体式锥度铰刀

（1）1∶10锥度铰刀。这种铰刀适用于铰削各种锥度为1∶10的锥孔，如联轴器上与柱销相配的锥孔等。

（2）1∶30锥度铰刀。这种铰刀适用于铰削各种套式刀具上的锥孔，属于手用铰刀，无粗、精之分，只有一把铰刀。

（3）莫氏锥度铰刀。这种铰刀适用于铰削0～6号标准莫氏锥孔。莫氏锥度铰刀有手用和机用两种。莫氏锥度铰刀由粗、精两把铰刀组成一套，其形状与1∶10锥度铰刀相似，但刀槽均为直槽，粗铰刀的切削刃上开有呈螺旋形分布的分屑槽。其精铰刀切除余量很少，主要用来修整孔形，切削部分用高速钢或合金工具钢制成。

（4）1∶50锥度铰刀。这种铰刀适用于铰削1∶50锥度的定位销孔，有手用和机用两种，最常用的是手用1∶50锥度铰刀。

（5）圆锥形管螺纹底孔铰刀。其用于铰削锥度为1∶16的圆锥形螺纹底孔，是机用铰刀。其刀槽为直槽，切削部分用高速钢制成，如图2-80所示。

3）手用可调节式圆柱铰刀

手用可调节式圆柱铰刀可以铰削各种特殊尺寸的非标准通孔，如图2-81所示。

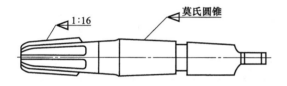

图2-80 圆锥形管螺纹底孔铰刀

图2-81 手用可调节式圆柱铰刀

**2．铰削用量的选择**

铰削用量包括铰削余量、机铰时的切削速度和进给量。铰削用量选择正确与否对铰刀的使用寿命、生产效率、铰后孔的精度和表面粗糙度都有直接的影响。

（1）铰削用量：铰削用量不宜太小，也不宜太大。如果铰削余量太小，铰削时就不能把上道工序遗留的加工痕迹全部切除，影响铰孔质量。同时，刀尖圆弧与刃口圆弧的挤压摩擦严重，使铰刀磨损加剧。如果铰削余量太大，则增大刀齿的切削负荷，破坏铰削过程的稳定性，并产生较大的切削热，也会影响铰孔质量。铰削余量的选用如表2-5所示。

表2-5 铰削余量的选用　　　　　　　　　　　　　　　　　　　　单位：mm

| 铰孔直径 | <5 | 5～20 | 21～32 | 33～50 | 51～70 |
|---|---|---|---|---|---|
| 铰削余量 | 0.1～0.2 | 0.2～0.3 | 0.3～0.4 | 0.4～0.5 | 0.8 |

（2）机铰时的切削速度和进给量：机铰时的切削速度和进给量要选择适当。如果切削速度和进给量选得太大，铰刀磨损较快，也容易产生积屑瘤而影响铰削质量；若选得太小，则将使切削厚度过小，造成已加工表面严重变形，引起加工表面硬化。铰孔时切削速度和进给量的选用可参考表2-6。

表2-6 铰孔时切削速度和进给量的选用

| 工件材料 | 切削速度 $v$ / (m/min) | 进给量 $f$ / (mm/r) |
|---|---|---|
| 钢 | 4～8 | 0.4～0.8 |
| 铸铁 | 6～10 | 0.5～1 |
| 铜或铝 | 8～12 | 1～1.2 |

### 3．切削液的选择

（1）工件材料为钢，其切削液可用 10%～20%的乳化液。当铰削要求较高的孔时，可采用体积分数为 30%的菜油加 70%的乳化液；如果铰孔要求更高，则可用菜油、柴油、猪油等。

（2）工件材料为铸铁，一般不加切削液，如要使用，一般只加煤油，但会引起孔径缩小，最大缩小量可达 0.02～0.04mm。

（3）工件材料为铝，其切削液可用煤油、松节油。

（4）工件材料为铜，其切削液可用 5%～8%的乳化液。

### 4．铰孔常见的质量问题及防止方法

铰孔的精度和表面质量要求很高，如果铰刀质量不好、铰削用量选择不当，润滑冷却不当和操作疏忽等都会产生废品，铰孔时常见弊病的产生原因和防止方法如表2-7所示。

表2-7 铰孔时常见弊病的产生原因和防止方法

| 弊病形式 | 产生原因 | 防止方法 |
|---|---|---|
| 表面粗糙度达不到要求 | （1）铰刀刃口不锋利，刀面粗糙。<br>（2）切削刃上粘有积屑瘤。<br>（3）容屑槽内切屑过多。<br>（4）铰削余量太大或太小。<br>（5）铰刀退出时反转。<br>（6）手铰时铰刀旋转不平稳。<br>（7）切削液不充足或选择不当。<br>（8）铰刀偏摆过大。<br>（9）前角太小 | （1）重新刃磨或研磨铰刀。<br>（2）用油石研去积屑瘤。<br>（3）及时退出铰刀，清除切屑。<br>（4）选择合适的铰削余量。<br>（5）严格按要求操作。<br>（6）采用顶铰，两手用力均匀。<br>（7）合理选择和添加切削液。<br>（8）重新刃磨铰刀或用浮动夹头。<br>（9）根据工件材料选择前角 |
| 孔径扩大 | （1）机铰刀轴心线与预钻孔轴心线不重合。<br>（2）铰刀直径不符合要求。<br>（3）铰刀偏摆过大。<br>（4）进给量和铰削余量太大。<br>（5）切削速度太快 | （1）仔细校准钻床主轴、铰刀和工件孔三者的同轴度误差。<br>（2）仔细测量、研磨铰刀。<br>（3）重新刃磨铰刀或用浮动夹头。<br>（4）选择合理的进给量和铰削余量。<br>（5）降低切削速度，加冷却切削液 |
| 孔径缩小 | （1）铰刀直径小于最小极限尺寸。<br>（2）铰刀磨钝。<br>（3）铰削余量太大引起孔壁弹跳性恢复 | （1）更换新的铰刀。<br>（2）重新刃磨或研磨。<br>（3）合理选择铰削余量 |
| 孔呈多棱形 | （1）铰削余量太大。<br>（2）铰前孔不圆使铰刀发生弹跳。<br>（3）钻床主轴振摆太大 | （1）减少铰削余量。<br>（2）提高铰前孔的加工精度。<br>（3）调整、修复钻床主轴的精度 |

【操作练习】

（1）锉削一对基准边，划线，如图 2-82 所示。

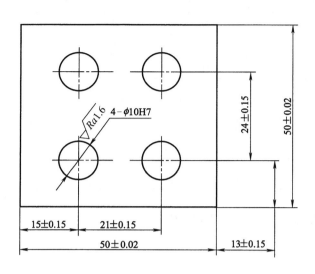

图 2-82　零件图

（2）锉削，并控制尺寸为 (50±0.02) mm。

（3）打样冲眼，钻 $\phi$9.8mm 的孔，并控制孔和孔之间的尺寸。

（4）对各孔口进行倒角。

（5）用 $\phi$10H7 的铰刀进行铰孔，并用对应圆柱销配检或用止通规检查铰削孔是否合格。

【注意事项】

（1）铰刀是精加工工具，要保护好刃口，避免碰撞。铰孔时要加注合适的切削液，提高铰孔质量。若刀刃上有毛刺或切屑，可用油石小心地磨去。

（2）铰削进给时不能猛力压铰，旋转铰杠的速度要均匀，使铰刀缓慢地引进孔内，并均匀地进给，以获得较细的表面粗糙度。

（3）铰刀不能反转，退出时也要顺转，即按铰削方向边旋转边向上提起铰刀。铰刀反转会使切屑卡在孔壁和后刀面之间，将孔壁拉毛。同时，铰刀反转也容易磨损，甚至崩刃。

（4）铰削钢件时，切屑容易黏附在刀齿上，应注意经常退刀，清除切屑并添加切削液。

（5）铰削过程中如果铰刀被卡住，不能猛力扳转铰杠，以防折断铰刀或崩裂切削刃。而应小心地退出铰刀，清除切屑和检查铰刀。继续铰削时要缓慢进给，以防在原处再次被卡住。

（6）铰刀装在铰杠上，双手握住铰杠柄，用力需均匀平稳，不得有侧向压力，否则铰刀轴心线将出现偏斜，使孔口处出现喇叭口或使孔径扩大。

（7）工件装夹要正确，应尽可能使孔的轴线置于水平或垂直位置，使操作者对铰刀的进给方向有简便的视觉标志。对薄壁零件要注意夹紧力的大小、方向和作用点，避免工件被夹变形或铰后孔产生变形。

## 【成绩评定】

| 学　号 | | 姓　　名 | | 总　得　分 | |
|---|---|---|---|---|---|
| 项目：铰孔操作 | | | | | |
| 序　号 | 质量检查的内容 | 配　分 | 评分标准 | 扣　分 | 得　分 |
| 1 | $(52\pm0.02)$mm | 20 | 一处超差扣10分 | | |
| 2 | $(15\pm0.15)$mm | 10 | 超差不得分 | | |
| 3 | $(21\pm0.15)$mm | 10 | 超差不得分 | | |
| 4 | $(13\pm0.15)$mm | 10 | 超差不得分 | | |
| 5 | $(24\pm0.15)$mm | 10 | 超差不得分 | | |
| 6 | $4-\phi10H7$ | 20 | 超差不得分 | | |
| 7 | 孔表面粗糙度$Ra1.6\mu m$，4处 | 10 | 升高一级不得分 | | |
| 8 | 安全文明生产 | 10 | 违者每项扣5分 | | |

## 学习活动5　标准麻花钻的刃磨实训

### 【操作准备】

砂轮机、钻头、刃磨样板等。

### 【相关知识】

**1. 标准麻花钻的切削角度**

钻头切削部分的螺旋槽表面称为前刀面，切削部分顶端两个曲面称为后刀面，钻头的棱边又称为副后刀面。如图2-83所示，钻孔时的切削平面为$P$—$P$，基面为$Q$—$Q$。

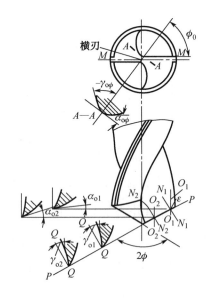

图2-83　标准麻花钻的切削角度

（1）顶角$2\phi$：钻头两主切削刃在其平行平面$M$—$M$上的投影所夹的角称为顶角。标准麻花钻的顶角$2\phi=118°\pm2°$。

（2）螺旋角$\beta$：主切削刃上最外缘处螺旋线与钻头轴心线之间的夹角称为螺旋角。螺旋角的大小与钻头直径有关，当钻头直径大于10mm时，$\beta=30°$；当钻头直径小于10mm时，$\beta$的取值为$18°\sim30°$。钻头直径越小，$\beta$越小，钻头的强度越大。同一直径钻头的不同半径处螺旋角的大小也不等，从钻头的外缘至中心螺旋角$\beta$逐渐减小，螺旋角一般以外缘处的数值来表示。

（3）前角：主切削刃上任一前角，是这一点的基面与前刀面之间的夹角。它在主截面内，如图2-83所示的$N_1$—$N_1$，$N_2$—$N_2$剖面。由于麻花钻的结构特点，其前角大小是变化的，前角自外缘向中心逐渐减小。外缘处的前角最大，一般为30°左右，在$d/3$范围内为负值，接近横刃处为$-30°$，横刃处的前角为$-60°\sim-54°$，如图2-83所示的$A$—$A$剖面。

前角的大小与螺旋角有关（横刃处除外）。螺旋角越大，前角也越大，外缘处的前角与螺旋角的数值接近；前角越大，切削刃越锋利，切削越省力。

（4）后角：前刀面与切削平面之间的夹角。它在假定工作平面——圆柱截面内，如图 2-83 所示的 $O_1—O_1$ 和 $O_2—O_2$ 剖面。主切削刃上的每一点的侧后角也是不相等的，其变化规律与前角相反，外缘处的后角最小，越接近中心，后角越大。钻心处的侧后角为 20°～26°，横刃的后角为 30°～36°。后角的作用是减少后刀面与加工表面之间的摩擦。钻硬材料时，为保证切削刃的强度，后角可选小些；钻软材料时，后角可适当大些。

（5）横刃斜角：横刃与主切削刃在垂直于钻头轴线平面上的投影的夹角。标准麻花钻的横刃斜角为 50°～55°。

（6）横刃长度 $b$：麻花钻由于钻心的存在而产生横刃，标准麻花钻的横刃长度 $b = 0.18d$。横刃太短会降低钻尖的强度，横刃太长则钻削时钻头定心困难，轴向阻力大。

（7）副后角：副切削刃上副后刀面与孔壁切线之间的夹角叫副后角。标准麻花钻的副后角为 0°。

### 2．标准麻花钻的缺点

（1）钻头主切削刃上各点前角的变化很大，切削条件很差。

（2）横刃太长，横刃钻心处的前角为负角，切削时横刃呈挤压刮削状态，会产生很大的轴向力，同时定心作用较差，钻头容易发生抖动。

（3）副后角为 0°，钻孔时副后面与孔壁之间的摩擦较为严重，主切削刃与副后刀面交点处的切削速度最高，产生的热量多，此处磨损较快。

（4）主切削刃较长，全宽参加切削，对排屑不利，同时阻碍切削液的流入。

【操作练习】

### 1．选择砂轮

一般采用氧化铝砂轮为宜，如图 2-84 所示。刃磨前，检查砂轮的工作面，如有不平或工作面发黑堵塞必须用金刚石砂轮修整器进行修整与调整，如图 2-85 所示。使用砂轮时，如果砂轮跳动量大或振动，必须停机检查，修整与调整，排除故障后方可使用。

图 2-84　氧化铝砂轮

图 2-85　金刚石砂轮修整器

### 2．刃磨两主后刀面

右手握住钻头头部，左手握住柄部，如图 2-86（a）所示，将钻头主切削刃放平，使钻头轴线在水平面内与砂轮轴线的夹角等于顶角（$2\phi$ 为 118°±2°）的一半。刃磨时，后刀面轻靠上砂轮圆周面，如图2-86（b）所示，两手握住钻头，使主切削刃平行砂轮并略高于砂轮水平中心平面处，右手缓慢地使钻头绕轴线由下向上摆动，同时施加适当的刃磨压力，这样可使整个后面都刃磨到（可以通过观察砂轮火花来判断刃磨平面，刃磨时当刃磨面上下都有火花出现时，钻头才开始摆动）。左手配合右手做缓慢的同步下压运动，压力逐渐加大，这样便于磨出后角，其下压的速度及其幅度随要求的后角的大小的改变而改变。两后刀面轮换进行，磨出主切削刃和两主后刀面。标准麻花钻外缘处的后角为9°～14°。

### 3．刃磨顶角

标准麻花钻顶角 $2\phi$ 为 $118°±2°$，用角度板样检验，如图2-87所示。

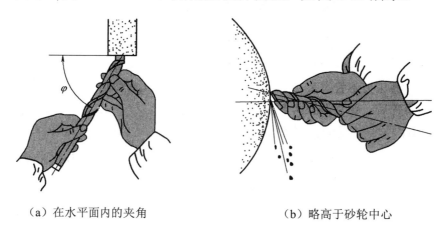

（a）在水平面内的夹角　　　　（b）略高于砂轮中心

图2-86　钻头刃磨时与砂轮的相对位置

### 4．刃磨检验

常采用样板或目测法检查。用样板检验钻头的几何角度及两主切削刃的对称性，如图2-87所示。通过观察横刃斜角是否为50°～55°来判断钻头后角。横刃斜角大，则后角小；横刃斜角小，则后角大，如图2-88所示。目测检验时，把钻头切削部分向上竖立，两眼平视，由于两主切削刃一前一后会产生视差，所以往往感到左刃（前刃）高于右刃（后刃），所以要旋转180°后反复几次，如果一样，就说明对称了。

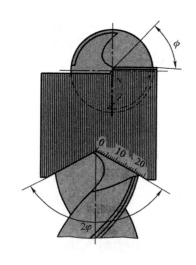

图2-87　用角度样板检验钻头刃磨角度

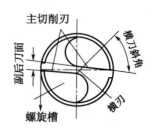

图2-88　横刃斜角

## 5. 修磨横刃

标准麻花钻的横刃较长，且横刃处的角度存在较大负值，因此在钻孔时，横刃处的切削为挤刮状态，轴向抗力较大，同时横刃长会使定心作用不好，钻头容易产生抖动。对于直径在 6mm 以上的钻头，必须修短横刃并适当增大靠近横刃处的前角。把横刃磨成 $b = 0.5 \sim 1.5$mm，修磨后形成内刃，使内刃斜角 $\tau$ 为 $20°\sim 30°$，内刃处前角 $\tau$ 为 $0°\sim -15°$；钻头轴线在水平面内与砂轮侧面的夹角为 $15°$，在垂直平面内与刃磨点的砂轮半径方向约成 $55°$ 下摆角，如图 2-89 所示。

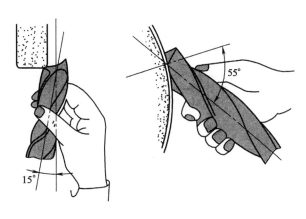

图 2-89　修磨横刃

## 【注意事项】

（1）接通开关后待砂轮转动正常，一般要空转 2～3min，方可开始进行刃磨。

（2）钻头刃磨姿势要正确，几何形状和角度要达到要求。

（3）禁止两人同时使用一个砂轮，更不准用砂轮的侧面磨削。

（4）磨削时，操作者应站在砂轮机的侧面磨削，以防砂轮崩裂发生事故。

（5）刃磨钻头时，必须戴眼镜，不能戴手套或用布包钻头刃磨。

（6）钻头刃磨压力不宜过大，并要经常用水冷却，防止过热退火而降低钻头的硬度。

（7）用完砂轮后，要立即关闭电源开关。

## 【成绩评定】

| 序　号 | 考核项目 | 配　　分 | 得　　分 |
|---|---|---|---|
| 1 | 刃磨姿势 | 10 | |
| 2 | 钻头各部分的角度 | 50 | |
| 3 | 刃磨表面质量 | 10 | |
| 4 | 前角修磨 | 10 | |
| 5 | 试钻 | 10 | |
| 6 | 安全文明生产 | 10 | |
| 姓　名 | | 总　得　分 | |

## 思考与练习

（1）简述常用钻床的种类及应用范围。

（2）简述钻孔时的安全注意事项。

（3）简述扩孔的注意事项。

（4）简述锪孔的操作要点。

（5）简述常用的铰刀类型。

（6）简述铰孔时的安全注意事项。

（7）简述铰孔时如何选择切削液。

（8）写出图2-90所示的标准麻花钻的结构。

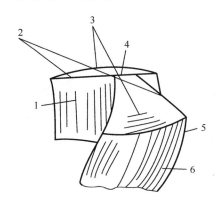

图2-90 标准麻花钻的结构图

（1）_____；（2）_____；（3）_____；
（4）_____；（5）_____；（6）_____。

 知识扩展

### 砂轮机的调整与使用

#### 1. 砂轮机的安全操作规程

在使用砂轮机时，必须正确操作，严格按照安全操作规程进行工作，以防砂轮碎裂等安全事故发生。

（1）使用砂轮机时，开动前应首先认真检查砂轮与防护罩之间有无杂物。砂轮是否有撞击痕迹或破损，确认无任何问题后再启动砂轮。启动砂轮后，观察砂轮的旋转方向是否正确，砂轮的旋转是否平稳，有无异常现象。待砂轮正常转动后，再进行磨削。

（2）时常检查托刀架是否完好和牢固，及时调整托架与砂轮之间的距离，控制在3mm之内，如图2-91所示。如果距离过大，可能造成磨削件轧入砂轮与托刀架之间，从而发生事故。

（3）磨削时，操作者的站立位置和姿势必须规范。操作者应站在砂轮侧面或斜侧面位置，以防砂轮碎裂飞出伤人。严禁面对砂轮磨削，避免在砂轮侧面进行刃磨。

（4）不可在砂轮机上磨铝、铜等有色金属和木料。当砂轮磨损到不能正常使用时应更换新砂轮。

（5）使用时，手切忌碰到砂轮，以免磨伤手。不能将工件或刀具与砂轮猛撞或施加过大的压力，以防砂轮碎裂。如果发现砂轮表面跳动严重，应及时用砂轮修整器进行修整。

（6）对长度小于50mm的较小工件进行磨削时，应用手虎钳或其他工具牢固夹住，不得用手直接握持工件，防止工件脱落在防护罩内卡破砂轮。

（7）操作时必须戴防护眼镜，防止火花溅入眼睛。不允许戴手套或用棉布包住工件进行操作，避免其被卷入，发生危险。不允许二人同时使用同一片砂轮，严禁围堆操作。

（8）在使用砂轮机时，其声音应始终正常，如果发生"嗡嗡"声或其他嘈杂声，应立即停止使用，关掉开关，切断电源，并通知专业人员检查修理后，方可继续使用。

（9）合理选择砂轮：刃磨工具、刀具和清理工件毛刺时，应使用白色氧化铝砂轮；刃磨硬质合金刀具则应使用绿色碳化硅砂轮。

（10）使用完毕后，立即切断电源，清理现场，养成良好的工作习惯。

> **温馨提示**
>
> 磨削工件时，工件尺寸必须大于砂轮与托刀架距离的一半以上，如果工件过小，而砂轮与托刀架距离过大，则可能造成磨削件轧入砂轮与托刀架之间而发生事故。磨削淬火钢时应及时蘸水冷却，防止烧焦退火；磨削硬质合金时不可蘸水冷却，防止硬质合金碎裂。

### 2. 砂轮的检查

（1）在使用砂轮前必须目测检查有无破裂和损伤，不能使用有缺陷的砂轮，否则容易造成事故。

（2）对砂轮进行敲击检查。检查方法是将砂轮通过中心孔悬挂，用小木槌敲击，敲击在砂轮任一侧面上离砂轮外圆面20～50mm处。敲打后将砂轮旋转45°，重复进行敲击，若砂轮无裂纹则发出清脆的声音，说明可以使用，如果发出闷声或哑声，则说明有裂纹，不准使用。

### 3. 砂轮的拆装

当砂轮磨损或需要使用不同材质的砂轮时就需要进行更换。更换砂轮时需要严格按照要求仔细安装。砂轮安装结构图如图2-92所示。

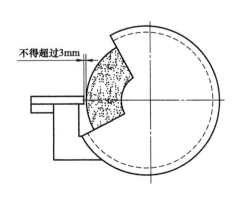

图2-91 砂轮与托刀架的距离

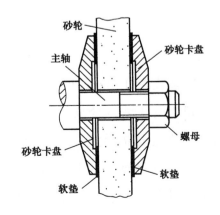

图2-92 砂轮安装结构图

具体操作步骤如下：

（1）用螺钉刀拆下砂轮外侧的防护罩。

（2）松开砂轮机托刀架后，一只手握紧砂轮（由于砂轮比较锋利，握砂轮时可加用棉布握住，以防伤手），另一只手用扳手旋开主轴上的螺母，注意旋出的方向要正确（在使用者右侧的砂轮螺母为右旋螺纹，左侧的砂轮螺母为左旋螺纹）。

（3）拆下砂轮卡盘，取出旧砂轮。

（4）将新砂轮换上，垫好软垫，并装上砂轮卡盘。

（5）把砂轮和砂轮卡盘装在主轴上，拧上螺母，注意扳螺母时用力不可过大，防止压碎砂轮。

（6）用手转动砂轮，检查安装是否合格。

（7）安装和调节砂轮机托刀架与砂轮的距离，装上防护罩，拧紧防护罩螺钉。

（8）接通电源，空运转试验3min，确认没有问题后修整砂轮。

【注意事项】

（1）安装砂轮前必须核对砂轮机主轴的转速，不准超过砂轮允许的最高工作速度。

（2）砂轮必须平稳地装到砂轮主轴或砂轮卡盘上，并保持适当的间隙。

（3）砂轮与砂轮卡盘压紧面之间必须衬以如纸板、橡胶等柔性材料制成的软垫，其厚度为1~2mm，直径比压紧面直径大2mm。

（4）安装砂轮、砂轮机主轴、衬垫和砂轮卡盘时，相互配合面和压紧面应保持清洁，无任何附着物。

用砂轮修整器或金刚石笔修正砂轮时，手要拿稳，压力要轻。修至砂轮表面平整、无跳动即可。用金刚石笔修整时，中途不可蘸水，防止其遇冷碎裂。

## 钻床附具

### 1. 钻夹头

钻夹头用来装夹13mm以内的直柄钻头，钻夹头结构如图2-93所示。其夹头体的上端有一个锥孔，用来与夹头柄紧配；将夹头柄做成莫氏锥体，装入钻床的主轴锥孔内；钻夹头中的三个夹爪用来夹紧钻头的直柄。当带有小圆锥齿轮的钥匙带动夹头套上的大圆锥齿轮转动时，与夹头套紧配的内螺纹也随之旋转。此内螺纹圈与三个夹爪上的外螺纹相配，于是三个夹爪便伸出或缩进，使钻头直柄被夹紧或放松。

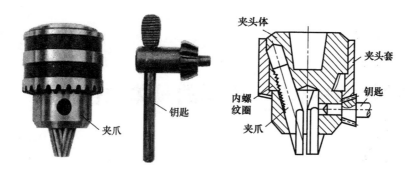

图 2-93 钻夹头结构

## 2. 钻头套

用来装夹 13mm 以上的锥柄钻头。钻头套共有 5 种，使用时应根据钻头锥柄莫氏锥度的号数选用相应的钻头套，如表 2-8 所示。

表 2-8 钻头套标号与内外锥度

| 钻头套标号 | 内锥孔（莫氏锥度） | 外圆锥（莫氏锥度） | 锥柄钻头的直径/mm |
| --- | --- | --- | --- |
| 1 号 | 1 | 2 | 15.5 以下 |
| 2 号 | 2 | 3 | 15.6~23.5 |
| 3 号 | 3 | 4 | 23.6~32.5 |
| 4 号 | 4 | 5 | 32.6~49.5 |
| 5 号 | 5 | 6 | 49.5~65 |

## 3. 快换钻夹头

在钻床上加工同一工件时，往往需要调换直径不同的钻头或其他孔加工刀具。若使用普通的钻夹头或钻头套来装夹刀具，需停车换刀，既不方便，又浪费时间，而且容易损坏刀具和钻头套，甚至影响钻床的精度。这时可采用快换钻夹头，如图 2-94 所示。

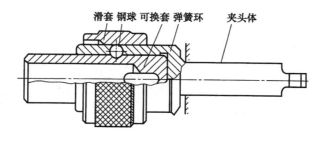

图 2-94 快换钻夹头

夹头体的莫氏锥柄装在钻床主轴锥孔内。可换套的外圆表面有两个凹坑，钢球嵌入时便可传递动力，当需要更换刀具时，不必停车，只要用手把滑套向上推，两粒钢球会因受离心力作用而贴于滑套端部的大孔表面。此时，另一只手即可把装有刀具的可换套取出，把另一个可换套插入，放下滑套，两粒钢球被重新压入可换套的凹坑内，带动钻头继续旋转。根据孔加工的需要可备多个可换套，并预先装好所需要的刀具，这样可提高效率。快速钻夹头上的弹簧环的作用是限制滑套上下的位置。由此可见，使用快换钻夹头可实现不停车换装刀具，从而大大提高生产效率，也减少了对钻床精度的影响。

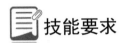技能要求

## 任务 5　手锤的具体制作

任务描述

学校电工维修实习车间现需要一批手锤，共 40 把，要求十天内完成，手锤图样如图 2-95 所示。

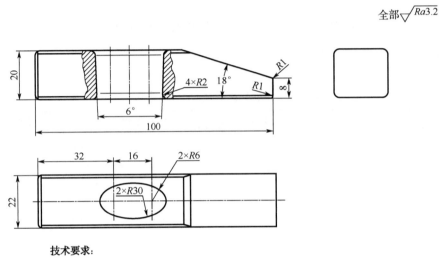

图 2-95　手锤图样

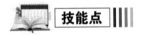技能点

【操作准备】

平锉刀、三角锉、软钳口、万能角度尺、锯弓、锯条、90°直角尺、游标高度尺、游标卡尺、划线平台、A3 方钢、刀口直尺等。

【操作步骤】

### 1. 图样分析

（1）全部表面粗糙度为 3.2μm，精加工时要用油光锉或砂纸进行打磨抛光。

（2）未注的倒角按 2×45°来加工。

（3）内孔中心轴线与端面应垂直，不能有明显的斜度。

### 2. 加工工艺

（1）下料尺寸为 101mm × 23mm × 21mm。

（2）锉削基准面 1（见图 2-96），应保证满足平面度和表面粗糙度的要求。

(3)以面 1 为基准锉削面 2（见图 2-96），应保证满足垂直度及表面粗糙度的要求。

(4)锉削面 3（见图 2-96），应保证满足平面度和表面粗糙度，以及面 1 和面 2 的垂直度的要求。

(5)锉削面 4（见图 2-96），控制尺寸为 22mm，应保证满足平面度和垂直度，以及表面粗糙度的要求。

(6)锉削面 5（见图 2-96），控制尺寸为 20mm，应保证满足平面度和垂直度，以及表面粗糙度的要求。

(7)锉削面 6（见图 2-96），控制尺寸为 100mm，应保证满足平面度和垂直度，以及表面粗糙度的要求。

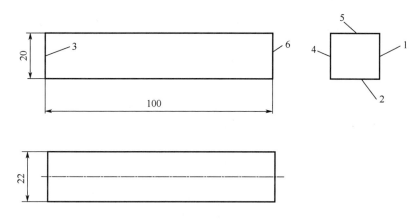

图 2-96 加工工艺要求

(8)划线，钻孔去除手锤中间的多余部分，锉削加工圆弧面并保证内孔中心轴线与端面垂直。

(9)锯削去除手锤右边斜面的多余部分，控制尺寸为 8mm，应保证满足角度 18°和表面粗糙度的要求。

(10)所有锐边按要求倒圆角，并抛光，使表面粗糙度达到 3.2μm。

(11)复查所有尺寸及平面是否符合图样要求。

(12)最后，进行手锤木柄的安装，并在锤头木柄上打上楔子。

(13)完成全部工作后，交货验收。

【注意事项】

(1)为保证加工表面光洁，精锉平面时，必须经常用铜刷清除嵌入锉刀齿纹内的锉屑，在齿面上涂抹粉笔可提高加工表面的光洁度，并尽量采用顺向锉削的方法。

(2)夹持工件已加工面时，应使用保护垫片。

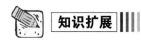 知识扩展

## 1. 精孔钻刃磨要求

(1)按标准麻花钻结构要素要求粗磨相关角度、切削刃等要素。再分别按照"精孔钻"的要求精磨出各部分结构要素。具体操作按以下步骤进行，精孔钻结构如图 2-97 所示。

① 磨出第二顶角（60°角），形成两条新切削刃，目的是减少切削厚度和切削变形。

② 磨出夹角为8°～10°的修光刃，它与新切削刃相结合，形成粗、精加工的联合切削刃，提高修光能力，改善散热条件，有利于提高孔的表面粗糙度。

③ 将修光刃和副切削刃的连接处用油石研去0.2～0.5mm半径的小圆角，也可将外缘尖角全部磨成圆弧刃，提高钻头的修光能力。

④ 磨出副后角。在靠近主切削刃的一段棱边上磨出6°的副后角，并保留棱边宽度为0.1～0.2mm，修磨长度为4～5mm，以减少对孔壁的摩擦，提高钻头寿命。

⑤ 磨出负刃倾角。一般负刃倾角为-15°～10°，使切屑流向待加工下表面，以免擦伤孔壁，有利于提高孔的表面粗糙度。

⑥ 研磨前、后刀面。切削刃的前、后刀面，用油石研磨，使其粗糙度达到$Ra0.4$。

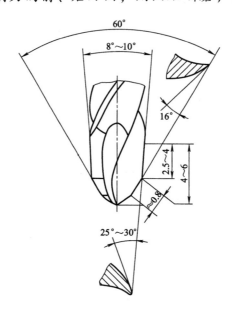

图2-97　精孔钻结构

（2）经过上述步骤后，就可以将一支标准麻花钻刃磨成"精孔钻"。磨好后的钻头，要用量具检测一下相关要素数值，确保参数准确。

（3）试钻并检查孔距尺寸至合格。

## 2. 精孔钻刃磨注意事项

加工不同材料的精孔钻，其结构要素不完全相同。因此，磨削精孔钻头时，首先要清楚钻头用于钻削何种材料，然后确定刃磨参数。刃磨钻头时，要注意以下事项。

（1）不同材质有不同的第二顶角数值。加工钢材等塑性好的材料时，第二顶角值通常为50°～60°；加工铸铁等硬脆性材料时，第二顶角值通常为65°～75°；第二顶角通常不超过75°。

（2）因为第二顶角等所形成的新切削刃必须要对称，所以新切削刃后角取6°～10°，否则钻孔直径达不到要求。

（3）将钻头前端校边（副切削刃，棱边）磨窄，只保留0.1～0.2mm的宽度，修磨长度为4～

5mm，以减少校边与孔壁的摩擦。

（4）尽量降低各刃前、后刀面的表面粗糙度，注意及时削除棱边上残余的积屑瘤，用油石磨光，避免划伤孔壁。

（5）保证各切削刃锋利，如有必要，修磨钻头前刃面和棱边，加大前、后角，以保证切削省力。

（6）尽量提高钻头的运动精度，两切屑刃的相互跳动量要小。要摸索孔径的缩张量规律，一般来讲，工件材料的弹性越大（弹性模数 $E$ 越小），线膨胀系数越大，则孔径较容易收缩；而钻头的切削刃越锋利，定心越不稳，切削刃摆动差较大，则孔径越容易扩大。

## 项目考核

| 项目二　手锤制作 |||||||||||
|---|---|---|---|---|---|---|---|---|---|---|
| 姓　名 | 项目总成绩评定表 |||||||||  |
| | 小组互评（40%） |||| 教师评价（60%） |||| 总评成绩 ||
| 任　务 | 零件加工成果组内评分（学生自评/互评）(10分) | 任务工作过程/团队意识(5分) | 项目责任心/品质控制（5分） | 任务展示/PPT展示（20分） | 劳动纪律与态度/安全文明生产（10分） | 规范操作（10分） | 制作工艺（10分） | 项目成果/评分表（30分） | 任务总分 | 项目总评 |
| | | | | | | | | | | |
| | | | | | | | | | | |
| | | | | | | | | | | |
| | | | | | | | | | | |
| | | | | | | | | | | |

# 项目三 开瓶器制作

## 项目情景描述

开瓶器分为专门开啤酒及饮料的开瓶器（见图 3-1）和开葡萄酒等红酒的开瓶器（见图 3-2）。开瓶器是 1858 年由美国人伊兹拉·华纳发明的，1925 年由李曼进行了改良，并在世界范围内得到了普及。我国开瓶器的历史大体分为民国时期（启蒙阶段），建国初期（手工生产阶段），60 年代（机器生产阶段），20 世纪 80 年代开瓶器进入转折、发展时期（长足发展阶段）。现在，开瓶器已经发展到"鼎盛"时代，有电动式、气压式等类型。开瓶器的出现不但代表了人们生活水平的提高，而且代表了国家机械发展和制作工艺的提高。一个简简单单的开瓶器集合了机械制造的原理和物理学的精华，每个开瓶器都是机械工艺上的艺术品，都值得我们思考和学习。

普通红酒开瓶器　不锈钢红酒开瓶器

图 3-1　啤酒及饮料的开瓶器　　　　　　　　图 3-2　红酒的开瓶器

每个人需要制作一个不同形状的饮料开瓶器，在完成该项目的同时，要学习曲面锉削和錾削操作，制作完开瓶器后，再学习抛光操作技能。

## 教学目标

（1）能设计开瓶器零件图样和编写加工工艺。

（2）能掌握内外曲面锉削的方法。

（3）能掌握錾削的相关知识和錾削操作。

（4）会正确刃磨錾子。

（5）能掌握开瓶器的制作方法。

（6）能掌握抛光的相关知识及抛光操作。

# 任务 1  曲面锉削

## 任务描述

曲面锉削目前广泛应用在五金配件、工艺品等场合,如连接轴套类零件中的平键(如图 3-3 所示),其主要起着过载保护的作用,键的两头均采用圆弧。除此之外,工件边缘过渡或设计成圆弧面,能使工件的外形美观又安全。

图 3-3　平键

曲面锉削课业练习

## 知识点

### 1. 外圆弧面和内圆弧面

**1)外圆弧面锉法**

当余量不大或对外圆弧面只进行修整时,一般采用顺着圆弧锉削的方法,在锉刀做前进运动时,还应绕着工件圆弧中心摆动,锉刀向前,右手下压,左手随着上提,如图 3-4(a)所示;当锉削余量较大时,可采用对着圆弧锉削的方法,按圆弧要求锉成多菱形,再用顺着圆弧锉削的方法,精锉成圆弧,如图 3-4(b)所示。

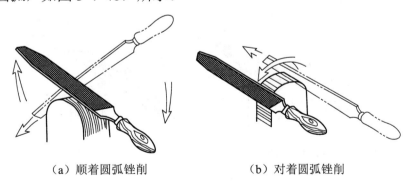

(a)顺着圆弧锉削　　　　(b)对着圆弧锉削

图 3-4　外圆弧锉法

**2)内圆弧面锉法**

采用圆锉、半圆锉进行锉削。锉削时要完成前进、向左或向右、绕锉刀中心线转动(按顺时针或逆时针方向转动 90°左右),三种运动须同时进行,才能锉好内圆弧面,如图 3-5 所示。

**3）曲面轮廓检查**

曲面轮廓检查可以用半径样板或 R 规，通过透光法进行检查，如图 3-6 和图 3-7 所示。

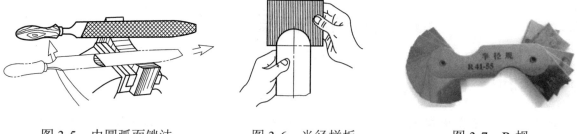

图 3-5　内圆弧面锉法　　　　图 3-6　半径样板　　　　图 3-7　R 规

## 2．球面锉削方法

锉削圆柱形工件端部的球面时，锉刀要纵向和横向两种锉削运动结合进行才能获得想要的球面，如图 3-8 所示。

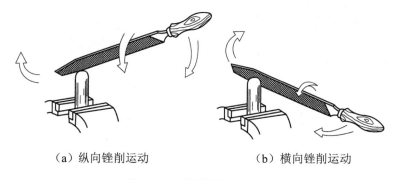

（a）纵向锉削运动　　　　　　（b）横向锉削运动

图 3-8　球面的锉削方法

## 3．推锉法锉削

由于推锉时锉刀的平衡易于掌握，且切削量小，因此便于获得较平整的加工表面和较小的表面粗糙度值。推锉时的切削量很小，因此一般用来对狭小平面的平面度进行修整或对有凸台的狭平面进行锉削，如图 3-9（a）所示，同时对内圆弧面的锉纹沿顺圆弧方向精锉加工，如图 3-9（b）所示。

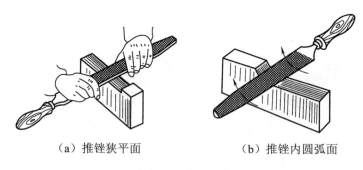

（a）推锉狭平面　　　　　　（b）推锉内圆弧面

图 3-9　推锉法

### 思考与练习

（1）简述外圆弧面的操作要领。

（2）简述内圆弧面的操作要领。

# 开瓶器制作 项目三

## 技能要求

### 学习活动　圆弧锉削实训

**【操作准备】**

备料 35mm × 35mm × 52mm、平锉刀、圆锉、半圆锉、R 规、划规、样冲等。

**【操作步骤】**

（1）按图 3-10 所示的图样要求划线，锉削四方体的对边尺寸为 32mm × 32mm × 52mm。

（2）划出 $R16$mm 和 4 处 3mm 倒角，以及 $R3$mm 圆弧位置加工线。

（3）用圆锉刀粗锉 8 处 $R3$mm 的内圆弧面，然后用扁粗锉、精锉倒角至划线，再细锉 $R3$mm 圆弧并与倒角平面连接圆滑，最后用 150mm 半圆锉推锉，使锉纹全部成为纵向，表面粗糙度达到 $Ra3.2\mu m$。

（4）用 300mm 的粗锉采用对着圆弧锉削的方法，粗锉两端圆弧面至接近 $R16$mm 加工线，然后顺着圆弧锉正圆弧面，并留适当余量，再用 250mm 的细扁锉修整，以达到各项技术要求。

（5）全部精度复检，并进行必要的修整锉削，最后将各锐边均匀倒钝。

**【注意事项】**

（1）锉削曲面时要保持正确的姿势和方法。

（2）锉削钢件材料要常用锉刀刷清除嵌入锉刀齿纹内的锉屑，并在齿面上涂抹粉笔灰，以提高加工表面的表面粗糙度。

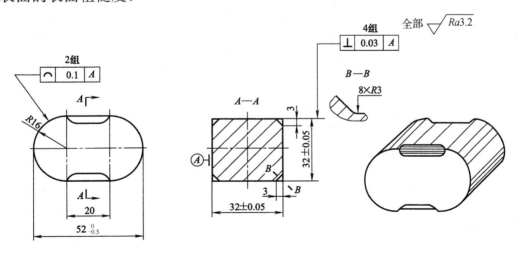

图 3-10　零件图

**【成绩评定】**

| 学　号 | | 姓　名 | | 总 得 分 | |
|---|---|---|---|---|---|
| 项目：键形体锉削 | | | | | |
| 序　号 | 质量检查的内容 | 配　分 | 评分标准 | 扣　分 | 得　分 |
| 1 | $52_{-0.5}^{0}$ mm | 10 | 超差不得分 | | |
| 2 | $(32 \pm 0.05)$mm，2 处 | 10 | 一处超差扣 5 分 | | |

续表

| 序号 | 质量检查的内容 | 配分 | 评分标准 | 扣分 | 得分 |
|---|---|---|---|---|---|
| 3 | 2 组线轮廓度 | 20 | 一处超差扣 10 分 | | |
| 4 | 4 组垂直度 | 16 | 一处超差扣 4 分 | | |
| 5 | 8 × R3 | 16 | 一处达不到要求扣 2 分 | | |
| 6 | 表面粗糙度 Ra3.2μm | 18 | 每处升高一级不得分 | | |
| 7 | 安全文明生产 | 10 | 违者每项扣 5 分 | | |

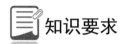

## 任务 2  錾　　削

 任务描述

用锤子打击錾子对金属工件进行切削加工的方法称为錾削，如图 3-11 所示。錾削是一种粗加工方法，一般按划线进行加工，平面度可控制在 0.5mm 之内。目前，錾削工作主要用于不便于机械加工的场合，如去除毛坯上多余的金属、毛刺，铸件上的凸缘，分割板料，錾削平面及加工油槽等。在装配或拆卸模具时，也需要用软锤等工具完成装配或拆卸工作。因此，錾削操作技能是模具专业人员必须掌握的内容。

錾削课业练习

图 3-11　錾削

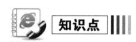 知识点

### 1. 錾削工具

錾削的工具主要是錾子和锤子。

**1）錾子**

錾子是錾削时用的刀具，一般用碳素工具钢（T7A）锻成，它由切削部分、錾身和錾头三部分组成。切削部分刃磨成楔形，经热处理后硬度可以达到 56～62HRC。钳工常用的錾子有以下三种。

（1）扁錾：常用于錾削平面、分割材料及去毛边等，如图3-12（a）所示。

（2）尖錾：主要用来錾削沟槽及分割曲线形板料，如图3-12（b）所示。

（3）油槽錾：主要用来錾削润滑油槽，如图3-12（c）所示。

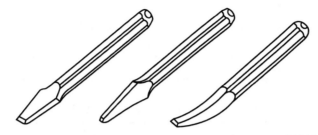

（a）扁錾（阔錾）　（b）狭錾（尖錾、窄錾）　（c）油槽錾

图3-12　錾子的种类

### 2）锤子

锤子是钳工常用的敲击工具，它由锤头、木柄和楔子三部分组成，如图3-13所示。

锤子的规格是以锤头的重量来表示，有1p、1.5p、2p等几种（公制用0.25kg、0.5kg、1kg等表示）。常用的锤子有铁锤、铜锤、橡胶锤等。

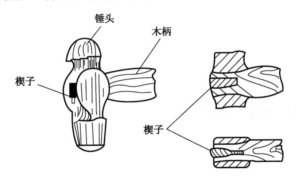

图3-13　锤子

### 2. 錾削角度

錾削时，錾子和工件之间应形成适当的切削角度。图3-14所示为錾削平面时的情况。錾削角度的定义及作用如表3-1所示，选用錾子或使用錾子对几何角度的影响如表3-2所示。

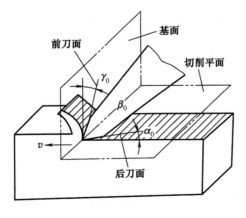

图3-14　錾削角度

表 3-1　錾削角度的定义及作用

| 錾削角度 | 作　用 | 定　义 |
| --- | --- | --- |
| 楔角 $\beta_0$ | 楔角小，錾削省力，但刃口薄弱，容易崩损；楔角大，錾削费力，錾削表面不易平整。通常根据工件材料的软硬度来选择 | 錾子前刀面与后刀面之间的夹角 |
| 后角 $\alpha_0$ | 减少錾子后刀面与切削表面的摩擦，使錾子容易切入材料。后角大，錾削时越錾越深，后角小，錾削时越錾越浅 | 錾子后刀面与切削平面之间的夹角 |
| 前角 $\gamma_0$ | 前角越大，切削越省力 | 錾子前刀面与基面之间的夹角 |

表 3-2　选用錾子或使用錾子对几何角度的影响

| 工件材料 | 楔角 $\beta_0$ | 后角 $\alpha_0$ | 前角 $\gamma_0$ |
| --- | --- | --- | --- |
| 工具钢、铸铁等硬材料 | 60°～70° | | |
| 结构钢等中等硬度的材料 | 50°～60° | 6°～8° | $\gamma_0 = 90° - (\beta_0 + \alpha_0)$ |
| 铜、铝、锡等软材料 | 30°～50° | | |

**思考与练习**

（1）錾子的种类有哪些？各自应用于什么场合？

（2）錾削角度对錾削会产生什么影响？多少角度才是合适的？

# 技能要求

## 学习活动 1　錾削基本操作实训

【操作准备】

呆錾子、手锤、木垫等。

【相关知识】

### 1. 錾子的握法

錾削时一般用左手握住錾子。

#### 1）正握法

手心向下，手腕伸直，用中指和无名指握住錾子，小指自然合拢，食指和大拇指自然接触，錾头约露出 20mm，如图 3-15（a）所示。錾削时握錾的手要保持小臂处于水平位置，肘部不能下垂或抬高。

（a）正握法　　（b）反握法

图 3-15　錾子的握法

#### 2）反握法

手心向上，手指自然捏住錾子，手掌悬空，如图 3-15（b）所示。

### 2. 手锤的握法

手锤在敲击过程中的握法有两种：紧握法和松握法。紧握法右手五指紧握锤柄，大拇指合在食指上，木柄露出 15～

30mm，在挥锤的过程中，五指始终紧握，如图 3-16（a）所示；松握法是用大拇指和食指始终握紧锤柄，在挥锤时，小指、无名指和中指依次放松，锤击时，小指、无名指和中指又以相反的次序收拢握紧，如图 3-16（b）所示。

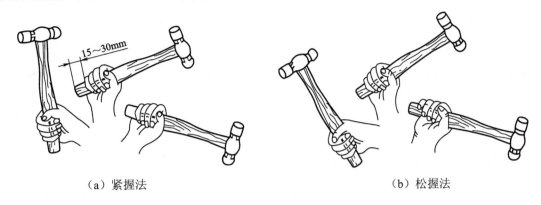

（a）紧握法　　　　　　　　　　　　（b）松握法

图 3-16　手锤的握法

### 3．錾削的姿势动作

（1）站立姿势。如图 3-17 所示，左脚前跨半步，与切削方向成 30°夹角，右脚向后相距约等于肩宽的距离，并与切削方向成 75°夹角，使身体与切削方向大致成 45°夹角，以保证挥锤轨迹与錾子轴线一致，保持自然站立，身体重心稍偏向后脚，视线要落在工件的切削部位。

（2）挥锤方法。

如图 3-18 所示，挥锤有腕挥、肘挥和臂挥三种方法。

腕挥是仅用手腕的动作进行捶击运动，采用紧握法握锤。因挥动幅度较小，故敲击力较小，一般用于錾削余量较小及起錾、结尾和油槽的錾削，如图 3-18（a）所示。肘挥是指手腕和肘部一起挥动，进行捶击运动，采用松握法握锤，因挥动幅度较大，故敲击力也较大，应用广泛，如图 3-18（b）所示。臂挥是指手腕、肘部和全臂一起挥动，敲击力最大，用于需要大力的锤击工作，如图 3-18（c）所示。

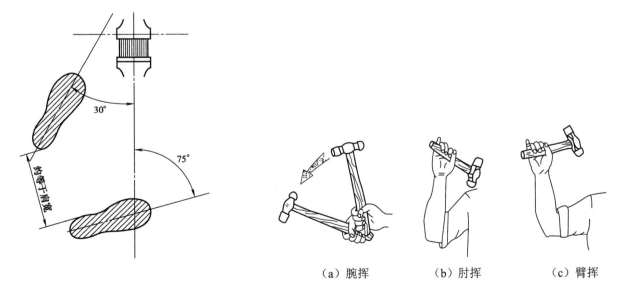

图 3-17　錾削时的站立位置　　　　　　　　（a）腕挥　　　　（b）肘挥　　　　（c）臂挥

图 3-18　挥锤方法

（3）挥锤要领。

錾削时眼望工件切削部位，保持20~40次/分钟的锤击速度。要做到稳——速度节奏均匀；准——命中率高；狠——锤击有力。

【操作练习】

（1）左手不握呆錾子进行1小时的挥锤练习，再握住呆錾子进行训练。

（2）先采用紧握法进行腕挥练习，动作熟练后再采用松握法进行肘挥练习，锤击力度逐渐加大。

（3）呆錾子尽量装夹在虎钳的钳口中间，自然地将呆錾子握正、握稳，倾斜角保持在35°左右，视线应对着錾削部位，不可对着錾子头部，如图3-19所示。

（4）左手握錾子时，前臂要平行于钳口，肘部不要下垂或抬高过多，以免肌肉疲劳。

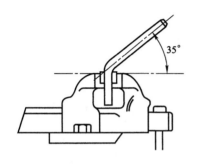

图3-19 呆錾子的装夹

【注意事项】

（1）呆錾子头部、手锤头部和柄部都不能沾油，以防滑出伤人。

（2）錾削工作台应设立防护网。

（3）发现锤柄松动或损坏时，要立即装牢或更换，以免锤头脱落造成事故。

（4）呆錾子头部变形或有毛刺时要及时磨掉，以免锤击时划伤手。

（5）呆錾子必须夹紧，装夹平面损坏或变形时要及时修正，并在下方加装防振木垫。

（6）锤子的捶击力作用方向与呆錾子轴线方向要一致，否则容易敲到手。

**思考与练习**

（1）挥锤的方法有哪几种？

（2）简述錾削的操作要领。

## 学习活动2　錾削长方体实训

錾削长方体，如图3-20所示。

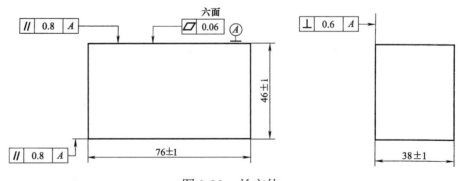

图3-20 长方体

【操作准备】

阔錾、手锤、木垫等。

**【操作步骤】**

（1）检查坯料尺寸。

（2）以毛坯料錾削面 1 为基准 A，在錾削平面时采用斜角起錾。先在工件的边缘处腕挥錾削出斜面，如图 3-21 所示。同时慢慢地把錾子移向中间，然后按正常錾削角度进行錾削。终錾时，要防止工件边缘材料崩裂，当錾削接近尽头 10～15mm 时，必须调头錾削余下部分，如图 3-22（a）所示。尤其是在錾铸铁、青铜等脆性材料时，更应如此，否则尽头处会崩裂，如图 3-22（b）所示。

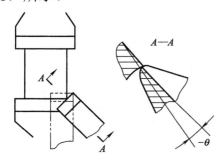

图 3-21 起錾

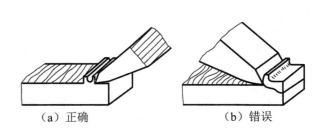

图 3-22 錾削到尽头的錾削方法

（3）按照图样要求，划线、錾削其 3、4、5、6 面，以达到技术要求，如图 3-23 所示。

（4）复检，修整工件至图样要求。

**【注意事项】**

（1）工件夹紧，伸出钳口高度一般以 10～15mm 为宜。同时，下面加木垫块，台虎钳加软钳口以保护工件。

（2）每次的錾削量不宜过大，錾子后角要适宜。

（3）錾削大平面时需开槽，如图 3-24 所示。

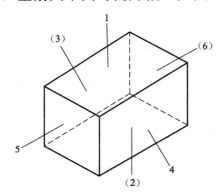

图 3-23 錾削顺序

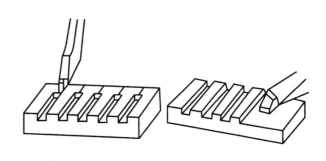

图 3-24 錾削大平面

**温馨提示**

錾削时，先粗錾，錾削厚度每次为 0.5～2mm；粗錾完后再精錾；錾削纹路要整齐，并用钢尺或直角尺检查錾削面，达到 0.6mm 的要求后，即可作为六面体加工的基准面。

## 学习活动 3　錾子刃磨实训

**【操作准备】**

阔錾、砂轮机、眼镜、水桶等

**【操作步骤】**

（1）右手握住錾子两侧，左手轻扶錾子的头部，将錾子楔面轻轻放在高于砂轮中心线处，调整錾子刃磨处楔面与錾子几何中心平面的夹角为楔角的一半，并沿砂轮轴线左右平稳移动，如图 3-25 所示。这样，錾子容易磨平，砂轮的磨耗也均匀，可延长砂轮的使用寿命。

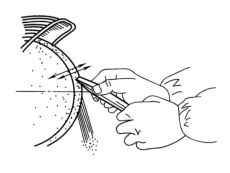

图 3-25　錾子的刃磨

（2）刃磨过程中，錾子的两个楔面要交替进行刃磨，加在錾子上的压力不能过大，并经常蘸水冷却，以防錾子过热而退火。如此交替刃磨两个楔面到平整，并且刃口平齐、楔角符合要求。

**【注意事项】**

（1）正确操作砂轮机。

（2）用錾子刃磨时左右移动压力要均匀，防止刃口倾斜，并应及时冷却以防錾子退火。

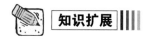

### 錾子的热处理方法

（1）淬火。当錾子的材料为 T7 钢或 T8 钢时，可把錾子切削部分约 20mm 长的一端均匀加热到 750～780℃（呈樱红色）后迅速取出，并垂直地把錾子放入冷水中冷却，浸入深度为 5～6mm，即可完成淬火过程，如图 3-26 所示。

（2）回火。錾子的回火是利用本身的余热进行的。当錾子露出水面的部分变成黑色时，将其由水中取出，此时其颜色是白色，待其由白色变成黄色时，再将錾子全部浸入水中冷却的回火称为"黄火"；而待其由黄色变为蓝色时，再把錾子全部放入水中冷却的回火称为"蓝火"。

图 3-26　錾子的淬火

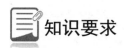知识要求

## 任务3　抛　　光

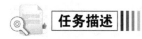任务描述

通过抛光可以得到非常高的表面粗糙度,而且产品美观,因此抛光得到了非常广泛的应用,如我们生活中常用的五金配件、厨房用品、生活用品等就常用到抛光。除此之外,在注射模的制造过程中,由于对型芯和型腔的表面要求较高,必须通过抛光才能达到要求。抛光不仅增加了工件的美观度,还能够改善材料表面的耐腐蚀性和耐磨性。图3-27所示为多工位抛光机。

图3-27　多工位抛光机

抛光课业练习

知识点

### 1. 常用的抛光方法

**1）机械抛光**

机械抛光是靠切削、材料表面塑性变形去掉被抛光后的凸部而得到平滑面的抛光方法,一般使用油石条、羊毛轮或羊毛头、砂纸等,以手工操作为主,特殊零件可使用转台等辅助工具,对表面质量要求高的可采用超精研抛的方法。超精研抛是采用特制的磨具,在含有磨料的研抛液中,紧压在工件被加工表面上,做高速旋转运动。利用该技术可以达到 $Ra0.008\mu m$ 的表面粗糙度,是各种抛光方法中表面粗糙度最高的。光学镜片模具常采用这种方法。

**2）化学抛光**

化学抛光是让材料在化学介质中表面微观凸出的部分较凹陷部分优先溶解,从而得到平滑面。这种方法的主要优点是不需要复杂设备,可以抛光形状复杂的工件,可以同时抛光很多工件,效率高。化学抛光的核心问题是抛光液的配制。化学抛光得到的表面粗糙度一般为 $Ra10\mu m$。图3-28所示为化学抛光机。

**3）电解抛光**

电解抛光的基本原理与化学抛光相同,即靠选择性地溶解材料表面微小凸出部分,使表面光滑。图3-29所示为马氏体电解抛光。与化学抛光相比,电解抛光可以消除阴极反应的影响,效果较好。电解抛光过程分为两步。

图 3-28　化学抛光机　　　　　　　　图 3-29　马氏体电解抛光

（1）宏观整平。溶解产物向电解液中扩散，材料表面的几何粗糙度下降，$Ra > 1\mu m$。

（2）微光平整。阳极极化，表面光亮度提高，$Ra < 1\mu m$。

**4）超声波抛光**

将工件放入磨料悬浮液中并一起置于超声波场中，依靠超声波的振荡作用，使磨料在工件表面磨削抛光。超声波加工宏观力小，不会引起工件变形，但工装制作和安装较困难。超声波加工可以与化学或电化学方法结合，在溶液腐蚀、电解的基础上，再施加超声波振动搅拌溶液，使工件表面的溶解产物脱离，使表面附近的腐蚀或电解质均匀；超声波在液体中的空化作用还能够抑制腐蚀过程，利于表面光亮化。

**5）流体抛光**

流体抛光是依靠高速流动的液体及其携带的磨粒冲刷工件表面达到抛光目的的，如图 3-30 所示。常用的流体抛光方法有磨料喷射加工、液体喷射加工、流体动力研磨等。流体动力研磨由液压驱动，使携带磨粒的液体介质高速往复流过工件表面。介质主要采用在较低压力下流过性好的特殊化合物（聚合物状物质）并掺上磨料制成，磨料可采用碳化硅粉末。

**6）磁研磨抛光**

磁研磨抛光利用磁性磨料在磁场作用下形成磨料刷对工件磨削加工，图 3-31 所示为磁研磨抛光机。这种方法的加工效率高，质量好，加工条件容易控制，工作条件好。采用合适的磨料，表面粗糙度可以达到 $Ra0.1\mu m$。

## 2．机械抛光基本程序

要想获得高质量的抛光效果，最重要的是要具备高质量的油石、砂纸和钻石研磨膏等抛光工具和辅助品。而抛光程序的选择取决于前期加工后的表面状况，如机械加工、电火花加工、磨加工等。机械抛光的一般过程如下。

（1）粗抛。经铣削、电火花、磨等工艺后的表面可以选择转速在 35000～40000r/min 的旋转表面抛光机或超声波研磨机进行抛光。常用的方法有利用直径 3mm、WA #400 的轮子去除白色电火花层。再进行手工油石研磨，条状油石加煤油作为润滑剂或冷却剂。一般的使用顺序为#180—#240—#320—#400—#600—#800—#1000。许多模具制造商为了节约时间而选择从 #400 开始。

图 3-30　流体抛光　　　　　　　　图 3-31　磁研磨抛光机

（2）半精抛。半精抛主要使用砂纸和煤油。砂纸的号数依次为#400—#600—#800—#1000—#1200—#1500。实际上，#1500 的砂纸只适用于淬硬的模具钢（52HRC 以上），而不适用于预硬钢，因为这样可能会导致预硬钢件表面烧伤。

（3）精抛。精抛主要使用钻石研磨膏，若用抛光布轮混合钻石研磨粉或研磨膏进行研磨，则通常的研磨顺序是 9μm（#1800）—6μm（#3000）—3μm（#8000）。9μm 的钻石研磨膏和抛光布轮可用来去除#1200 和#1500 号砂纸留下的磨痕。接着用钻石研磨膏进行抛光，顺序为 1μm（#14000）—1/2μm（#60000）—1/4μm（#100000）。

> **温馨提示**
>
> 精度要求在 1μm 以上（包括 1μm）的抛光在模具加工车间中一个清洁的抛光室内即可进行。若进行更加精密的抛光，则必须有一个绝对洁净的空间。灰尘、烟雾、头皮屑和口水都有可能报废经过数个小时工作后得到的高精密抛光表面。

**3．机械抛光中要注意的问题**

**1）用砂纸抛光应注意以下几点。**

① 用砂纸抛光需要利用软的木棒或竹棒。在抛光圆面或球面时，使用软木棒可更好地配合圆面和球面的弧度。而较硬的木条（如樱桃木）则更适用于平整表面的抛光。修整木条的末端使其能与钢件表面的形状保持吻合，这样可以避免木条（或竹条）的锐角接触钢件表面而造成较深的划痕。

② 当换用不同型号的砂纸时，抛光方向应变换 45°～90°，这样即可分辨出来前一种型号的砂纸抛光后留下的条纹阴影。在换不同型号的砂纸之前，必须用 100%纯棉花蘸取酒精之类的清洁液对抛光表面进行仔细的擦拭，因为一颗很小的沙粒留在表面都会毁坏接下来的整个抛光工作。从砂纸抛光换成钻石研磨膏抛光时的清洁过程同样重要。在抛光继续进行之前，所有颗粒和煤油都必须被完全清洁干净。

③ 为了避免擦伤和烧伤工件表面，在用#1200 和#1500 的砂纸进行抛光时必须特别小心。

因此有必要加载一个轻载荷并采用两步抛光法对表面进行抛光。用所用型号的砂纸进行抛光时应沿两个不同方向进行两次抛光，两个方向之间每次转动45°～90°。

（2）钻石研磨抛光应注意以下几点。

① 抛光时必须尽量在较轻的压力下进行，特别是在抛光预硬钢件和用细研磨膏抛光时。在用#8000研磨膏抛光时，常用载荷为100～200g/cm²，但要保持此载荷的精准度很难。为了做到这一点，可以在木条上做一个薄且窄的手柄，如加一个铜片，或者在竹条上切去一部分而使其更加柔软。这样可以帮助控制抛光压力，以确保模具表面的压力不会过高。

② 当使用钻石研磨抛光时，不仅要求工作表面洁净，工作者的双手也必须仔细清洁。

③ 每次的抛光时间不应过长，时间越短，效果越好。如果抛光过程过长，则会造成"橘皮"和"点蚀"。

④ 为获得高质量的抛光效果，应避免使用容易发热的抛光方法和工具。例如，抛光轮抛光，抛光轮产生的热量很容易造成"橘皮"。

⑤ 当抛光过程停止时，保证工件表面洁净和仔细去除所有研磨剂和润滑剂非常重要，随后应在表面喷淋一层模具防锈涂层。

由于机械抛光主要靠人工完成，所以抛光技术目前还是影响抛光质量的主要原因。除此之外，抛光质量还与模具材料、抛光前的表面状况、热处理工艺等有关。优质的钢材是获得良好抛光质量的前提条件，如果钢材表面硬度不均或在特性上有差异，往往会造成抛光困难。钢材中的各种夹杂物和气孔都不利于抛光。

#### 4．不同硬度对抛光工艺的影响

硬度增大会使研磨的困难增大，但抛光后的表面粗糙度减小。由于硬度的增高，要达到较低的粗糙度所需的抛光时间相应增长。同时，硬度增大会使抛光过度的可能性相应减小。

#### 5．工件表面状况对抛光工艺的影响

钢材在切削机械加工的破碎过程中，表层会因热量、内应力或其他因素而损坏，切削参数不当会影响抛光效果。电火花加工后的表面比普通机械加工或热处理后的表面更难研磨，因此，电火花加工结束前应采用精规准进行电火花修整，否则表面会形成硬化薄层。如果精规准选择不当，热影响层的深度最大可达0.4mm。硬化薄层的硬度比基体硬度高，必须去除，因此，最好增加一道粗磨加工，彻底清除损坏表面层，构成一片粗糙度均匀的金属面，为抛光加工提供良好的基础。

#### 6．抛光注意事项

（1）装夹时应该注意不损坏其他表面，且便于操作。

（2）油石进行粗抛时应用煤油配合使用，以便观察及清洗。

（3）砂纸抛光时应将前面油石的粉末清理干净，特别是进行到高号数的砂纸抛光时更应该注意抛光面的清洁。

（4）用较软的工具夹持砂纸进行抛光，如木块。

### 思考与练习

（1）常用的抛光方法有哪些？

（2）简述抛光应注意的事项。

### 知识扩展

## 钳工常用的电动工具

### 1. 电磨头和角向磨光机

电磨头和角向磨光机适用于在工具、夹具和模具的装配调整中，对各种形状复杂的工件进行修磨和抛光，如图 3-32 所示。

### 2. 超声波模具抛光机

如图 3-33 所示，超声波模具抛光机适用于各种复杂型腔的模具（包括硬质合金模具）、窄槽狭缝、盲孔等粗糙表面至镜面的整形和抛光。加工后的表面粗糙度可达 $Ra0.012\mu m$。

（a）电磨头

（b）角向磨光机

图 3-32　电磨头和角向磨光机　　　　图 3-33　超声波模具抛光机

### 温馨提示

1．超声波

频率在 20kHz 以上的振动波称为超声波。

2．超声波抛光的原理

换能器将输入的超音频电信号转换成机械振动，经变幅杆放大后，传输至装在变幅杆上的工具头，带动附着在工具头上的金刚石或磨料的悬浮液等高速摩擦工件，致使工件的表面粗糙度迅速降低，直至降到镜面，从而实现抛光的功能。

3．超声波抛光的特点

① 适用于窄小部位，如复杂形状的工艺品、复杂型腔的模具、窄槽狭缝、盲孔等其他抛光工具无法到达的部位。

② 由超声波的高频振动作为磨料磨削的动力，振动传输的好坏直接影响工作效率。因此，使用超声波抛光，必须确保连接良好。

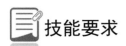

## 任务 4 开瓶器的具体制作

 任务描述

开瓶器广泛应用在生活中，其种类和款式都很多，如图 3-34 所示。现要求每人设计并制作一个能开饮料瓶的开瓶器，要求产品既要美观又要有创意，同时需要顺利开启饮料瓶盖。

图 3-34 开瓶器

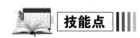 技能点

【操作准备】

锉刀、锯弓、平锉刀、圆锉、半圆锉、R 规、划规、样冲等。

【相关知识】

### 1. 开瓶器的结构原理

开瓶器主要由把柄和开瓶齿口组成，如图 3-35 所示。常规的尺寸半径为 15~20mm，把柄的尺寸为 50~80mm，开口高度一般为 19~20mm，如图 3-36 所示。

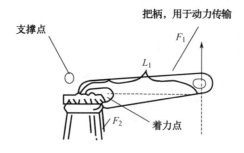

图 3-35 开瓶器示意图

开瓶器的工作原理就是我们常见的杠杆原理，杠杆上用力的点叫作用力点，相当于开瓶器的把柄位置；承受重物的点叫作阻力点，相当于开瓶器的着力点；起支撑作用的点叫作支点，相当于开瓶器的支撑点；杠杆省力与否与杠杆的三个点的位置有关，当用力点到

支撑点的距离大于到阻力点的距离时省力；当用力点到支撑点的距离小于到阻力点的距离时费力。

2. 收集资料

（1）查找开瓶器的相关资料，并设计一个开瓶器。

（2）手工绘制开瓶器结构图。

（3）制定开瓶器加工工艺。

【操作练习】

（1）下料 85mm × 55mm × 3mm（以图 3-36 所示的开瓶器为例）。

（2）锉削一对基准面，保证满足垂直度要求。

（3）按要求画出开瓶器外形图，划线时用高度尺先划中心线及相关的线条，打好冲眼，再用划规做圆弧，将钢直尺和划针连线。

（4）锉削两面，便于钻孔装夹。钻孔去除开瓶器开口余量，可用钻排孔的方法，然后钻削 $\phi$6 通孔，如图 3-37 所示。所有钻孔用的钻头必须用薄板钻钻孔。

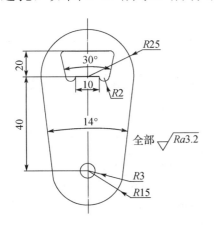

图 3-36　开瓶器

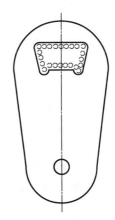

图 3-37　钻排孔

（5）錾削去除开口多余部分，锉削至合格，并保证尺寸为 20mm（可用饮料实物现场测试，至开口合格，保证顺利开启瓶口）。

（6）锉削开瓶器外形至合格。

（7）用油石和砂纸等工具对开瓶器表面进行抛光。

（8）锐边去毛刺，复检。

【注意事项】

（1）装夹开瓶器时应该注意不损坏其他表面，且便于操作。

（2）油石进行粗抛时应用煤油配合使用，以便观察及清洗。用砂纸抛光时应将前面油石的粉末清理干净，特别是进行到高号数的砂纸抛光时更应该注意抛光面的清洁。

（3）錾削去除开口处余量时，需在连接排孔的位置上用尖錾在开口处前后两面沿线錾出深痕，方便去除开口余量；同时，工件装夹要正确，找到排孔最薄弱的地方用錾子去除开口余量，防止工件变形。

> **温馨提示**
>
> 制作完成开瓶器后,进入学生自我展示环节,每人准备一瓶汽水,用自制的开瓶器现场开启汽水。教师根据学生展示情况和开瓶器实物现场进行成绩评定。

## 【成绩评定】

| 学　号 | | 姓　名 | | 总　得　分 | |
|---|---|---|---|---|---|
| 项目:开瓶器的具体制作 ||||||
| 序　号 | 质量检查的内容 | 配　分 | 评 分 标 准 | 扣　分 | 得　分 |
| 1 | 开瓶器零件图 | 20 | 图样符合机械制图标准,公差和尺寸等齐全 | | |
| 2 | 能否顺利开启瓶盖 | 20 | 无法开启瓶盖不得分 | | |
| 3 | 外形 | 10 | 无锐角、外形美观、工件局部无缺陷 | | |
| 4 | 开瓶器的结构设计合理 | 20 | 刚性好、开瓶口位置设计合理 | | |
| 5 | 表面粗糙度 $Ra0.8\mu m$ | 20 | 每处升高一级不得分 | | |
| 6 | 安全文明生产 | 10 | 违者每项扣5分 | | |

## 项目考核

| 项目三　开瓶器制作 |||||||||||
|---|---|---|---|---|---|---|---|---|---|---|
| 姓　名 | 项目总成绩评定表 ||||||||||
| 任　务 | 小组互评(40%) |||| 教师评价(60%) |||| 总评成绩 ||
| | 零件加工成果组内评分(学生自评/互评)(10分) | 任务工作过程/团队意识(5分) | 项目责任心/品质控制(5分) | 任务展示/PPT展示(20分) | 劳动纪律与态度/安全文明生产(10分) | 规范操作(10分) | 制作工艺(10分) | 项目成果/评分表(30分) | 任务总分 | 项目总评 |
| | | | | | | | | | | |
| | | | | | | | | | | |
| | | | | | | | | | | |
| | | | | | | | | | | |

# 项目四

# 三角滑动机构制作

 **项目情景描述**

三角滑动机构（见图 4-1）包含了钳加工制作中的凹凸配合、燕尾配合、三角形镶件配合及简单零件装配，掌握这些知识点和技能点是对划线、锉削、锯削、钻孔、锪孔、铰孔等钳工基本操作技能的提高。在基础技能提高的同时，还要学习攻螺纹操作、千分尺和万能角度尺的读数及使用方法。

三角滑动机构组件结构紧凑，趣味性强，是钳加工学习者提高工艺能力和动手能力的典型组合件。

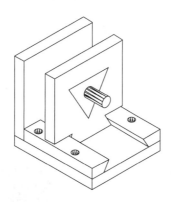

图 4-1 三角滑动机构

**教学目标**

（1）应了解攻螺纹的基础知识并学会攻内螺纹。
（2）应懂得千分尺的读数及尺寸测量。
（3）应懂得万能角度尺的读数及各种角度的测量。
（4）能掌握凹凸配合件加工工艺分析及制作方法。
（5）能掌握燕尾配合件加工工艺分析及制作方法。
（6）能掌握三角形镶件配合加工工艺分析及制作方法。
（7）应了解装配的基础知识。
（8）应懂得三角滑动件的装配方法。

## 知识要求

## 任务1 组合底板与立板制作

### 任务描述

组合底板与立板是三角滑动件加工及装配的基础部分。在本任务的制作过程中，要学习螺纹连接知识及学会用丝锥手工攻内螺纹；学会用锪钻锪孔操作；学习千分尺的读数及会用千分尺来测量工件尺寸；学习凹凸锉配制作及检测方法。

### 知识点

#### 学习活动1 攻螺纹实训

用丝锥在工件孔中切削出内螺纹的加工方法称为攻螺纹。

**1. 螺纹种类**

攻螺纹课业练习

螺纹的分类方法和种类很多。螺纹按牙形可分为矩形螺纹、三角形螺纹、梯形螺纹、锯齿形螺纹，如图4-2所示；按螺旋线条数可分为单线螺纹和多线螺纹，如图4-3所示；按旋向可分为左旋螺纹和右旋螺纹，如图4-4所示；按母体形状可分为圆柱螺纹和圆锥螺纹，如图4-5所示。

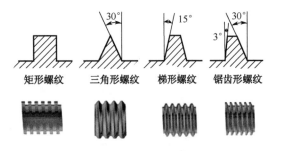

图 4-2 按牙形分类

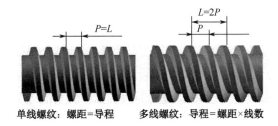

图 4-3 按螺旋线条数分类

图 4-4 按旋向分类

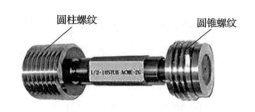

图 4-5 按母体形状分类

钳工加工的螺纹多为三角形螺纹，作为连接使用，常用的主要有以下几种。

**1）公制螺纹**

公制螺纹也叫普通螺纹，螺纹牙形角为60°，如图4-6所示，分为粗牙普通螺纹和细牙普通螺纹两种。粗牙螺纹直径和螺距的比例适中、强度好，主要用于连接，螺距不直接标出；细牙螺纹由于螺纹螺距小，螺旋升角小，自锁性好，除用于承受冲击、振动或变载的连接外，还用于调整机构，螺距直接标出。钳工常用的普通粗牙螺纹公称直径与螺距如表 4-1 所示，更加详细的表格见本书附表 1。

表 4-1 钳工常用的普通粗牙螺纹公称直径与螺距

| 公称直径 $D$、$d$ | M6 | M8 | M10 | M12 | M14～M16 |
|---|---|---|---|---|---|
| 螺距 $P$ | 1 | 1.25 | 1.5 | 1.75 | 2 |

**2）英制螺纹**

牙形角为 55°，在我国只用于修配，新产品不使用。

**3）管螺纹**

管螺纹是用于管道连接的一种英制螺纹，管螺纹的公称直径为管子的内径，如图 4-7 所示。

**4）圆锥管螺纹**

圆锥管螺纹是一种用于管道连接的英制螺纹，牙形角有 55°和 60°两种，锥度为 1∶16。

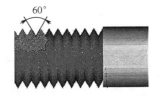

图 4-6 普通螺纹

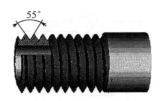

图 4-7 管螺纹

### 2．攻螺纹用的工具

（1）丝锥：用来加工内螺纹，分为机用丝锥和手用丝锥两种，有粗牙和细牙之分，如图 4-8 所示。手用丝锥一般用合金工具钢或轴承钢制造，机用丝锥都用高速钢制造。丝锥的构造如图 4-9 所示。

图 4-8 各种常用丝锥

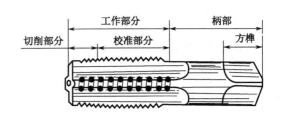

图 4-9 丝锥的构造

① 丝锥的结构。丝锥由柄部和工作部分组成。柄部是攻螺纹时被夹持的部分，起传递扭矩的作用。工作部分由切削部分和校准部分组成，切削部分前角 $\gamma_0$ 为 8°～10°，后角 $\alpha_0$ 为 6°～8°，起切削作用。校准部分有完整的牙形，用来修光和校准已切出的螺纹，并引导丝锥沿轴向前进。

② 成组丝锥。攻螺纹时，为了减少切削力和延长使用寿命，一般将整个切削工作量分配给几支丝锥来担当。通常 M6～M24 丝锥每组有 2 支；M6 以下及 M24 以上的丝锥每组有 3 支；细牙螺纹丝锥为 2 支一组；机用丝锥每组 1 支。成组丝锥切削用量的分配形式有两种：第一种是锥形分配，一般 M12 以下的丝锥采用这种分配方式，如图 4-10（a）所示；第二种是柱形分配，一般 M12 以上的丝锥采用这种分配方式，如图 4-10（b）所示。

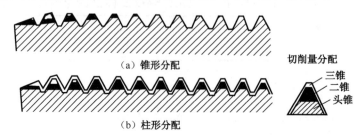

图 4-10　丝锥切削用量分配

（2）铰杠。它是攻螺纹时用来夹持丝锥的工具。有普通铰杠（见图 4-11）和丁字形铰杠（见图 4-12）两类，每类铰杠又有固定式和可调式两种。

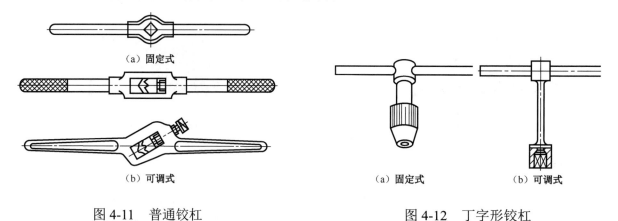

图 4-11　普通铰杠　　　　图 4-12　丁字形铰杠

### 3. 攻螺纹前底孔直径与孔深的确定

（1）攻螺纹前底孔直径的确定。攻螺纹时，丝锥对金属层有较强的挤压作用，使攻出螺纹的小径小于底孔直径，此时，如果螺纹牙顶与丝锥牙底之间没有足够的容屑空间，丝锥就会被挤压出来的材料箍住，易造成崩刃、折断和螺纹乱牙。因此，攻螺纹之前的底孔直径应略大于螺纹小径，如图 4-13（a）所示。

一般应根据工件材料的塑性和钻孔时的扩张量来考虑，使攻螺纹时既有足够的空隙容纳被挤出的材料，又能保证加工出来的螺纹具有完整的牙形。

底孔直径大小要根据工件材料的塑性大小及钻孔扩张量考虑，按经验公式计算得出。

在加工钢件和塑性较大的材料及扩张量中等的条件下：

$$D_{钻} = D - p$$

在加工铸铁和塑性较小的材料及扩张量较小的条件下：

$$D_{钻} = D - (1.05 \sim 1.1)p$$

式中，$D_{钻}$——螺纹底孔钻头直径（mm）；

$D$——螺纹大径（mm）；

$p$——螺距（mm）。

普通螺纹直径与螺距见本书附表 1。

（2）攻螺纹前底孔深度的确定。攻盲孔螺纹时，由于丝锥切削部分不能攻出完整的螺纹牙形，所以钻孔深度要大于螺纹的有效长度，如图 4-13（b）所示。

钻孔深度的计算式为

$$H_{深} = h_{有效} + 0.7D$$

式中，$H_{深}$——底孔深度（mm）；

$h_{有效}$——螺纹有效长度（mm）；

$D$——螺纹大径（mm）。

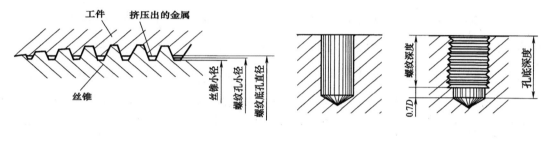

（a）确定底孔直径　　　　　　　　　（b）确定底孔深度

图 4-13　底孔直径的确定

【例】分别计算在钢件和铸铁上攻 M10 螺纹时的底孔直径各为多少？若攻不通孔螺纹，则其螺纹有效深度为 60mm，求底孔深度为多少？若钻孔时，$n = 400$ r/min，$f = 0.5$ mm/r，求钻一个孔的最少基本时间为多少？（$2\phi = 120°$，只计算钢件）

解：查附表 2 可得

$$M10 \quad p = 1.5$$

钢件攻螺纹底孔直径：

$$D_{钻} = D - p = 10 - 0.5 = 8.5 \text{（mm）}$$

铸铁件攻螺纹底孔直径：

$$\begin{aligned}D_{钻} &= D - (1.05 \sim 1.1)p \\ &= 10 - (1.05 \sim 1.1) \times 1.5 \\ &= 8.35 \sim 8.425 \text{（mm）}\end{aligned}$$

取 $D_{钻} = 8.4$（mm）（按钻头直径标准系列取一位小数）。

底孔深度：

$$H_{深} = h_{有效} + 0.7D = 60 + 0.7 \times 10 = 67 \text{（mm）}$$

钻孔基本时间 $t$：

$$t = \frac{H}{nf}$$

式中，

$$H = H_{钻} + h_{钻尖}$$

$$h_{钻尖} = \frac{\sqrt{3}D_{钻}}{6} = \frac{1.73 \times 8.5}{6} = 2.45 \text{ (mm)}$$

所以，

$$t = \frac{H}{nf} = \frac{67 + 2.45}{400 \times 0.5} \approx 0.35 \text{ (mm)}$$

### 4．攻螺纹的方法

（1）被加工的工件装夹要正，一般情况下，应将工件需要攻螺纹的一面置于水平或垂直的位置。这样在攻螺纹时，就能比较容易地判断和保持丝锥垂直于工件螺纹基面的方向。

（2）攻螺纹时，两手握住铰杠中部，均匀用力，使铰杠保持水平转动，并在转动过程中对丝锥施加垂直压力，使丝锥切入孔内1~2圈，如图4-14所示。

（3）用90°角尺从正面和侧面检查丝锥与工件表面是否垂直，如图4-15所示。若不垂直，丝锥要重新切入，直至垂直。一般在攻进3~4圈的螺纹后，丝锥的方向就基本确定了。

（4）攻螺纹时，两手紧握铰杠两端，正转1~2圈后再反转1/4圈，如图4-16所示。在攻螺纹过程中，要经常用毛刷对丝锥加注润滑油。攻削较深的螺纹时，回转的行程还要大一些，并需要往复拧转几次，可折断切屑以便排屑，减少切削刃粘屑的现象，以保持锋利的刃口；在攻不通孔螺纹时，攻螺纹前要在丝锥上做好螺纹深度标记，即将攻完螺纹时，进刀要轻、要慢，以防丝锥前端与工件的螺纹孔底产生干涉撞击，损坏丝锥。在攻丝过程中，还要经常退出丝锥，清除切屑。

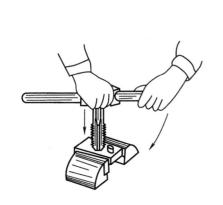  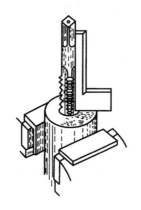  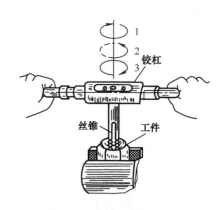

图4-14　丝锥起攻　　图4-15　检查丝锥位置　　图4-16　铰杠正反转

### 温馨提示

（1）转动铰杠时，操作者的两只手要平衡，切忌用力过猛和左右晃动，否则容易将螺纹牙形撕裂，导致螺纹孔扩大并出现锥度。

（2）攻螺纹时，如果感到很费力，切不可强行攻螺纹，应将丝锥倒转，排除切屑，或用二锥攻削几圈，以减轻头锥切削部分的负荷。如果用头锥继续攻螺纹仍然很费力，并断续发出"咯、咯"或"叽、叽"的声音，则切削不正常或丝锥磨损，应立即停止攻螺纹，查找原因，否则可能折断丝锥。

（3）攻通孔螺纹时，应注意丝锥的校准部分不能全露出头，否则在反转退出丝锥时，将会产生乱扣现象。

**思考与练习**

（1）攻螺纹操作有哪些要点？

（2）分别计算在钢件和铸铁上攻 M8 螺纹时的底孔直径为多少？若攻不通孔螺纹，其螺纹有效深度为 35 mm，求底孔深度为多少？

**知识扩展**

在攻螺纹时，经常因操作者经验不足、方法不当或丝锥质量有问题发生丝锥折断的情况，丝锥拆断取出的方法有几种，具体要根据实际情况来选择。

（1）当折断的丝锥部分露出孔外时，可用尖嘴钳夹紧后拧出，或用尖錾子轻轻地剔出。通孔可穿钢丝拧出。

（2）在断锥上焊一个六角螺母，然后用扳手轻轻地扳动六角螺母将断丝锥退出，如图 4-17 所示。这种方法的缺点是孔外露太短无法焊接；对焊接技巧要求极高，容易烧坏工件；焊接处容易断。

（3）当丝锥折断部分在孔内时，可用带方榫的断丝锥拧上 2 个螺母（见图 4-18），用钢丝（根数与丝锥槽数相同）插入断丝锥和螺母空槽中，然后用铰杠按退出方向扳动方榫，把折断丝锥取出。

（4）丝锥的折断往往是在受力很大的情况下突然发生的，致使断在螺孔中的半截丝锥的切削刃紧紧地楔在金属内，一般很难使丝锥的切削刃与金属脱离，为了使丝锥在螺孔中松动，可以用振动法。振动时可用一个冲头或一把尖錾抵在丝锥的容屑槽内，用手锤按螺纹的正反方向反复轻轻敲打，一直到丝锥松动即可拧出丝锥，如图 4-19 所示。

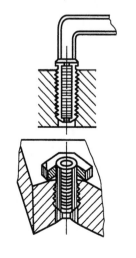 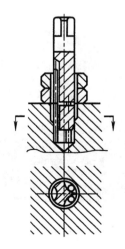 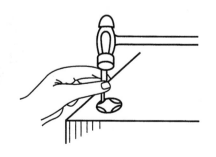

图 4-17　焊六角螺母　　　图 4-18　拧螺母　　　图 4-19　拧出丝锥

（5）对一些精度要求不高的工件，也可用乙炔火焰使丝锥退火，然后用钻头钻削。钻削时，钻头的直径应比底孔直径小，对准中心，防止将螺纹钻坏。

（6）对精度要求较高及容易变形的工件，选择电火花机床对断丝锥进行电蚀加工。这种方法的缺点是耗时长；太深时容易积碳，打不下去；对于大型工件无用，无法放入电火花机床工作台。

## 学习活动 2　千分尺的使用实训

### 1. 千分尺的结构

千分尺由弓形尺架、测砧、测微螺杆、固定套管、微分筒、锁紧装置等组成，如图 4-20 所示。

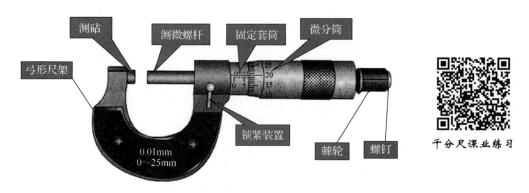

图 4-20　千分尺的结构

### 2. 千分尺的读数方法

千分尺是生产中最常用的精密量具之一，它的测量精度一般为 0.01mm，在测量前，要校正零位。

刻线原理：微分筒的外圆锥面上刻有 50 格，测微螺杆的螺距为 0.5mm。微分筒每转动一圈，测微螺杆就轴向移动 0.5mm，当微分筒每转动一格时，测微螺杆就移动 $0.5 \div 50 = 0.01$（mm），所以千分尺的测量精度为 0.01mm。

读数方法如图 4-21 所示。

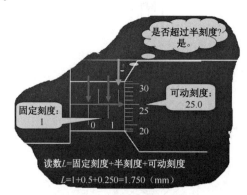

图 4-21　读数方法

（1）读出固定套筒上露出刻线的整毫米数和半毫米数。

（2）看准微分筒上哪一格与固定套管基准对准，读出小数部分（百分之几毫米）。

（3）将整数和小数部分相加，即为被测工件的尺寸。

图 4-22 所示尺寸为 12.24mm。

图 4-23 所示尺寸为 32.65mm（图中小数部分大于 0.5mm，所以在微分筒圆周刻线上读得 0.15mm 之后，还应加上 0.5mm）。

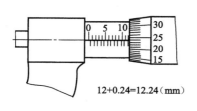

图 4-22　读数示例 1

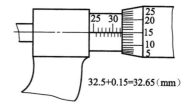

图 4-23　读数示例 2

### 3．千分尺的测量范围和精度

千分尺的测量范围在 500mm 以内时，每 25mm 为一挡，如 0～25mm、25～50mm 等；测量范围在 500～1000mm 时，每 100mm 为一挡，如 500～600mm、600～700mm 等。

千分尺按制造精度分为 0 级、1 级和 2 级，千分尺的适用范围如表 4-2 所示。

表 4-2　千分尺的适用范围

| 级　别 | 适 用 范 围 |
| --- | --- |
| 0 级 | IT6～IT16 |
| 1 级 | IT7～IT16 |
| 2 级 | IT8～IT16 |

### 4．其他千分尺

（1）内径千分尺：用来测量内径及槽宽等尺寸，刻线方向与外径千分尺的刻线方向相反，如图 4-24 所示。

（2）深度千分尺：用来测量孔深、槽宽等，如图 4-25 所示。

图 4-24 内径千分尺

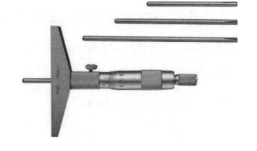

图 4-25 深度千分尺

（3）螺纹千分尺：用来测量螺纹中径，如图 4-26 所示。

（4）公法线千分尺：用来测量齿轮公法线长度，如图 4-27 所示。

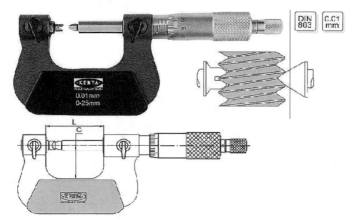

图 4-26 螺纹千分尺

图 4-27 公法线千分尺

**温馨提示**

（1）用千分尺测量铜、铝等材料时，由于加工后的线膨胀系数较大，因此应冷却后再测量。

（2）读数时，最好不要取下千分尺进行读数，应尽量直接读出。如需要取下读数，应锁紧测微螺杆，然后轻轻取下千分尺，防止尺寸变动。

（3）测量时，应保持测量面干净，使用前应校对零位。

（4）测量时，先转动微分筒，当测量面接近工件时，改用棘轮，直到棘轮发出"咔咔"声为止。

（5）当掌握双手测量的方法以后，为了提高测量效率，可逐步练习单手测量，单手测量的姿势要正确，必须控制好测量力度，反复练习，从而找到测量的力度和技巧。

**思考与练习**

（1）简述千分尺的读数方法。

（2）简述千分尺的种类。

# 三角滑动机构制作 项目四

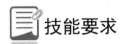

## 技能要求

### 学习活动 3  凹凸配合件加工实训

| | |
|---|---|
| 工具、量具、刃具及材料 | 划针、样冲、錾子、锤子、锯弓、锯条、锉刀、麻花钻、游标高度尺、游标卡尺、90°角尺、刀口直尺、千分尺。<br>材料为 Q235；规格为 70mm×65mm×8mm（两块）。 |
| 技能训练图 | （技能训练图） |
| 工艺分析 | （1）立板上的沉头孔与组合底板上的螺纹孔相对应，保证足够的螺纹有效长度。<br>（2）立板上的中心孔位置精度很高，如果位置精度差，则会导致不能进行总装配（中心孔待最后装配完采用配钻的方式保证精度）。<br>（3）提高外形精度能减少尺寸换算、方便加工、测量、提高装配精度及装配效率。<br>（4）组合地板上的凹形槽位置与立板凸件的配合间隙小于 0.06mm，对称度误差小于 0.04mm，垂直度误差小于 0.02mm。<br>（5）组合底板上的沉头孔必须与压板上的螺纹孔相对应。<br>（6）组合底板的上表面平面度小于 0.02mm。 |
| 立板加工工艺 | （立板加工工艺图） |

续表

| 立板加工工艺 | （1）按照图样要求锉削加工外形尺寸，达到尺寸为(60±0.02)mm 和 (68±0.1)mm，保证垂直度和平面度要求。<br>（2）按照图样要求划出凸体加工线、2-φ8H7 中心线、沉头孔位置线。<br>（3）加工凸形面，为保证对称度，按照下图进行。<br>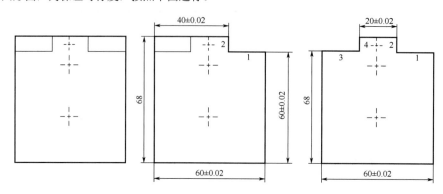<br>（4）加工沉头孔：钻φ5.5mm 通孔，用φ9mm 锪孔钻锪深度为 5.2mm 的沉头孔。<br>（5）复检，锐边去毛刺。<br>说明：2-φ8H7 中心孔待总装配后一起配钻、配铰。 |
|---|---|
| 组合底板加工工艺 | （1）按照图样要求锉削加工外形尺寸，达到尺寸为(60±0.02)mm 和 (68±0.02)mm，并保证垂直度和平面度要求。<br>（2）按照图样要求划出凹形槽加工线，螺纹孔、沉头孔位置线。<br>（3）加工凹形槽。<br>① 钻排孔，锯销，去除余量。<br>② 根据立板凸件配合制作凹形槽，保证立板装配后与底板的工作面的垂直度、对称度及配合间隙符合要求。<br>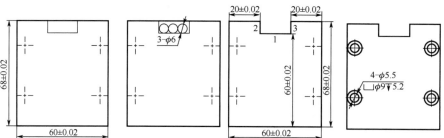<br>（4）加工沉头孔：钻 4-φ5.5mm 通孔，用φ9mm 锪孔钻锪 4 个深度为 5.2mm 的沉头孔。<br>（5）加工螺纹孔：<br>① 钻φ4.3 螺纹底孔，保证底孔深度，并倒角。<br>② 攻螺纹：用丝锥攻 M5 螺纹，保证螺纹有效长度为 10mm。<br>（6）复检，锐边去毛刺。 |

# 任务 2　三角镶件与滑动件制作

## 任务描述

三角镶件与滑动件是三角滑动机构的组成部分之一。在本任务的制作过程中，要学习万能角度尺的读数及各种角度的调尺方法，学会使用万能角度尺来测量工件尺寸。同时，学习三角形的制作及检测方法。

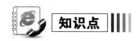

## 1. 万能角度尺的结构

主要由主尺、直角尺、游标、制动器、基尺、直尺、卡块等组成，如图 4-28 所示。

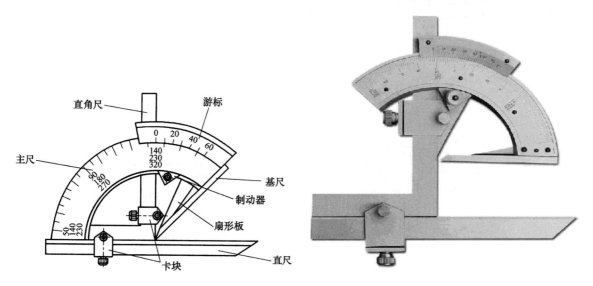

图 4-28　万能角度尺

## 2. 万能角度尺的刻度原理与读数方法

### 1）刻度原理

尺身刻度每格 1°，游标刻线是将尺身上 29°所占的弧长等分为 30 格，即每格所对的角度为(29/30)°，因此游标 1 格与尺身相差：

$$1°-\left(\frac{29}{30}\right)°=\left(\frac{1}{30}\right)°=2'$$

即量角器的测量精度为 2′。

### 2）读数方法

万能角度尺的读数方法与游标卡尺相似，只是游标卡尺测量的是直线尺寸，而量角器测量的是角度。万能角度尺的读数方法如图 4-29 所示。

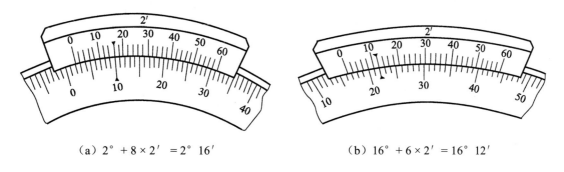

（a）2°+8×2′=2°16′　　　　　　　　　（b）16°+6×2′=16°12′

图 4-29　万能角度尺的读数方法

游标万能角度尺有Ⅰ型、Ⅱ型两种，其测量范围分别为 0°～320°和 0°～360°。万能角度尺的测量范围如图 4-30 所示。

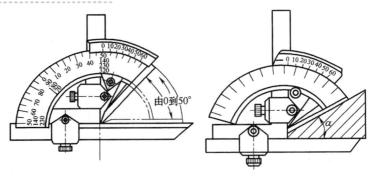

(a)万能角度尺1

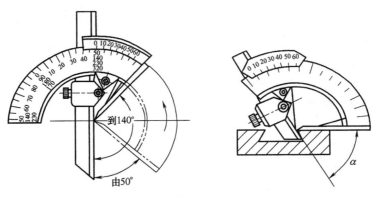

(b)万能角度尺2

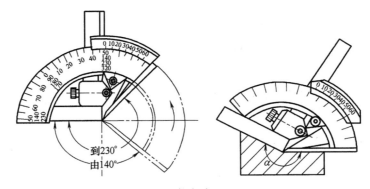

(c)万能角度尺3

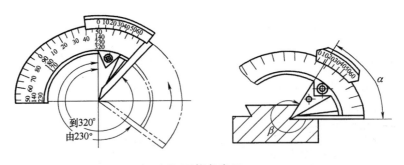

(d)万能角度尺4

图4-30 万能角度尺的测量范围(续)

### 温馨提示

(1)根据测量工件的不同角度正确选用直尺和90°角尺。

(2)使用前要检查尺身和游标的零线是否对齐,基尺和直尺是否漏光。

(3)测量时,工件应与角度尺的两个测量面在全长上接触良好,避免误差。

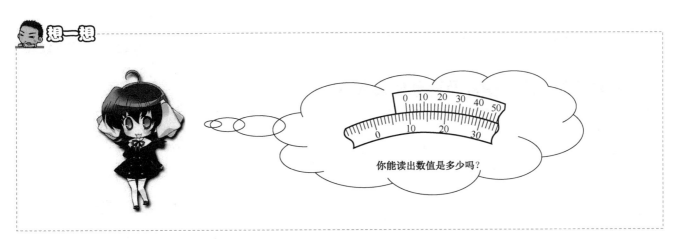

## 知识扩展

### 1. 百分表

百分表是一种指示式量仪,主要用来测量工件的尺寸、形状和位置误差,也可用于检验机床的几何精度或调整工件的装夹位置偏差,如图4-31所示。

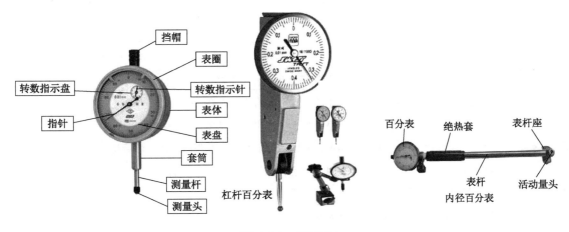

图 4-31　百分表

### 2. 量块

量块是机械制造业中长度尺寸的标准,它可以用于量具和量仪的检验校验、精密划线和精密机床的调整,附件与量块并用时,还可以测量某些精度较高的工件尺寸,如图4-32所示。

### 3. 正弦规

正弦规是利用三角函数中的正弦关系与量块配合校验工件角度或锥度的一种精密量具,如图4-33所示。

图 4-32　量块

图 4-33　正弦规

# 技能要求

## 学习活动　三角镶件及滑动件制作实训

| 工具、量具、刃具及材料 | 划针、样冲、锤子、锯弓、锯条、锉刀、麻花钻、游标高度尺、游标卡尺、万能量角器、90°角尺、刀口直尺、千分尺。<br>材料为 Q235；规格为 65mm×65mm×8mm、35mm×40mm×8mm（各一件）。 |
|---|---|
| 技能训练图 | 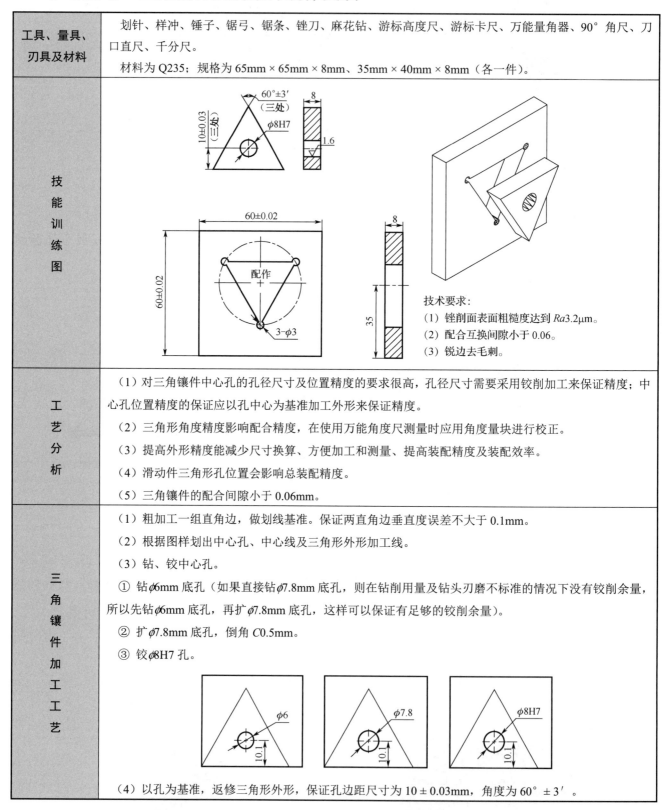 |
| 工艺分析 | （1）对三角镶件中心孔的孔径尺寸及位置精度的要求很高，孔径尺寸需要采用铰削加工来保证精度；中心孔位置精度的保证应以孔中心为基准加工外形来保证精度。<br>（2）三角形角度精度影响配合精度，在使用万能角度尺测量时应用角度量块进行校正。<br>（3）提高外形精度能减少尺寸换算、方便加工和测量、提高装配精度及装配效率。<br>（4）滑动件三角形孔位置会影响总装配精度。<br>（5）三角镶件的配合间隙小于 0.06mm。 |
| 三角镶件加工工艺 | （1）粗加工一组直角边，做划线基准。保证两直角边垂直度误差不大于 0.1mm。<br>（2）根据图样划出中心孔、中心线及三角形外形加工线。<br>（3）钻、铰中心孔。<br>① 钻 $\phi$6mm 底孔（如果直接钻 $\phi$7.8mm 底孔，则在钻削用量及钻头刃磨不标准的情况下没有铰削余量，所以先钻 $\phi$6mm 底孔，再扩 $\phi$7.8mm 底孔，这样可以保证有足够的铰削余量）。<br>② 扩 $\phi$7.8mm 底孔，倒角 C0.5mm。<br>③ 铰 $\phi$8H7 孔。<br>（4）以孔为基准，返修三角形外形，保证孔边距尺寸为 10±0.03mm，角度为 60°±3′。 |

| | |
|---|---|
| 三角镶件加工工艺 |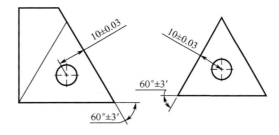

(5)复检,锐边去毛刺。 |
| 滑动件加工工艺 滑动件加工工艺 | (1)按照图样要求锉削加工外形尺寸,保证尺寸为(60±0.02)mm(2组),保证垂直度和平面度要求。<br>(2)按照图样要求划出三角形孔加工位置,钻削 3-φ3mm 工艺孔。<br>(3)加工内三角形。<br>① 钻孔、锯削排除废料。<br>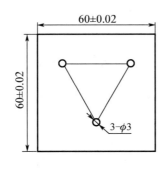 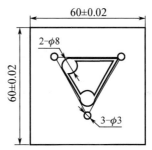<br>② 锉削内三角形。<br>③ 滑动件三角形以三角镶件为基准锉配,配合互换间隙均小于 0.06mm。<br>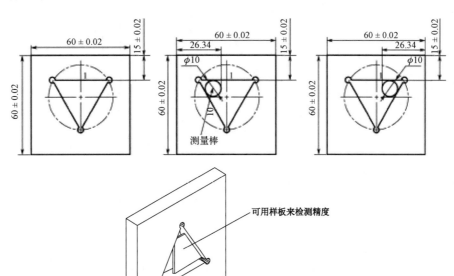<br>(4)复检,锐边去毛刺。 |

 技能要求

## 任务 3　燕尾压板与滑动件燕尾槽制作

 **任务描述**

燕尾压板与滑动件燕尾槽是三角滑动机构组成部分之一，本任务主要学习燕尾的制作及燕尾的检测方法。

 **技能点**

| | |
|---|---|
| 工具、量具、刃具及材料 | 划针、样冲、锤子、锯弓、锯条、锉刀、麻花钻、游标高度尺、游标卡尺、万能量角器、90°角尺、刀口直尺、千分尺。<br>材料为 Q235；规格为三角滑动件、63mm×20mm×8mm（两件）。 |
| 技能训练图 | 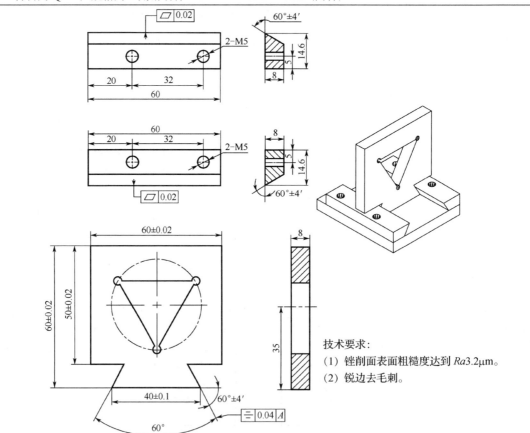<br>技术要求：<br>（1）锉削面表面粗糙度达到 $Ra3.2\mu m$。<br>（2）锐边去毛刺。 |
| 工艺分析 | （1）压板上的螺纹孔必须与组合底板上的沉头孔相对应。<br>（2）压板用螺钉固定后相当于导轨，可使燕尾滑动件不能左右上下窜动，并沿压板长度方向运动，要求滑动件滑动顺畅。压板的角度及斜面的平面度会影响装配效果，因此必须保证其符合要求。<br>（3）提高外形精度能减少尺寸换算、方便加工和测量、提高装配精度及装配效率。<br>（4）滑动件燕尾对称度、角度、尺寸精度会影响装配精度。<br>（5）滑动件的作用：滑动件是整个组合件的关键，其好坏能决定能否顺利进行装配，主要保证滑动件能否运动顺畅，中心型孔能否对正立板的中心，及对称度保证换向时滑动的顺畅。 |

| | |
|---|---|
| 燕尾压板加工工艺 | （1）按照图样要求锉削加工外形尺寸，保证尺寸为(60±0.1)mm 和(14.6±0.1)mm，保证满足垂直度和平面度的要求。<br>（2）根据图样划线，划出斜面和螺纹孔加工位置。<br>（3）加工斜面，保证为 60°±4′，并保证平面度至公差值。<br>（4）加工螺纹孔：<br>① 根据图样要求，钻削 $\phi$4.3mm 螺纹底孔，并保证孔距。<br>② 用丝锥攻 M5 内螺纹，保证螺纹垂直度。<br>（5）复检，锐边去毛刺。 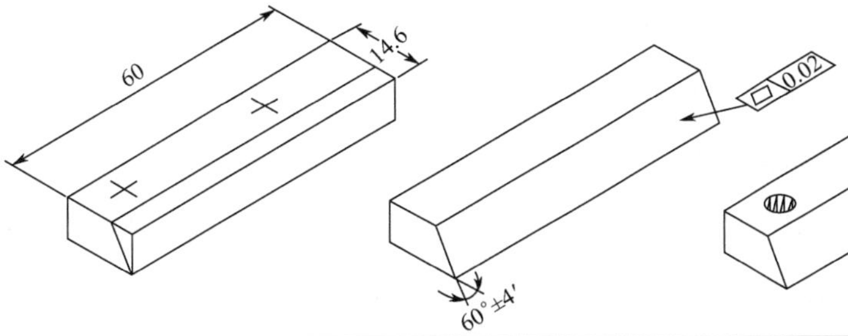 |
| 滑动件燕尾加工工艺 | （1）根据图样划线，划出燕尾加工位置。<br>（2）加工两侧燕尾，保证为 60°±4′ 和(40±0.1)mm，并满足对称度要求（加工燕尾时，不可以同时去除燕尾部分，必须先去除工件基准的另一侧燕尾部分，用量具加测量棒进行检测，具体如下）。 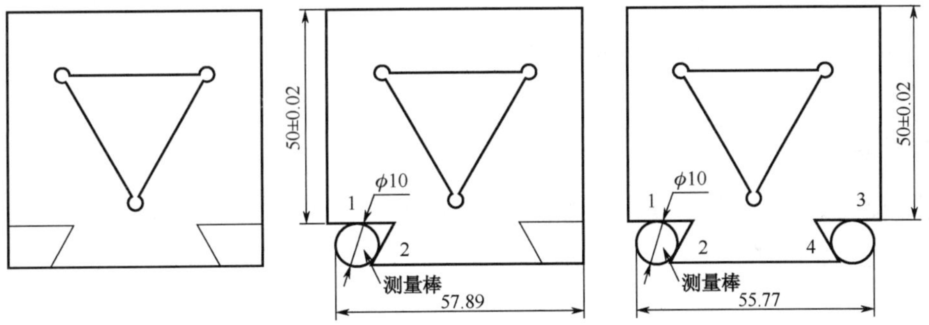<br>（3）复检，锐边去毛刺。 |

## 任务4  三角定位件装配

  **任务描述**

三角定位件装配是三角滑动机构最后装配部分，装配前，要先完成组合底板与立板的装配、燕尾压板的装配、滑动件及镶件的装配，完成后，对三角定位件中心孔进行配钻铰，确保三角形移动顺畅，保证滑动机构的装配质量。

**知识点**

### 1. 装配工艺过程

产品的装配工艺包括以下四个过程。

**1）装配前的准备工作**

（1）熟悉产品装配图、工艺文件和技术要求，了解产品的结构、零件的作用及相互间的连接关系。

(2)确定装配方法、顺序,准备所需要的工具。

(3)对装配的零件进行清洗,去掉零件上的毛刺、铁锈、切屑和油污。

(4)对某些零件还需要进行刮削等修配工作,对某些有特殊要求的零件还要进行平衡试验、密封性试验等。

**2)装配工作**

对于结构复杂的产品,其装配工作常分为部件装配和总装配。

(1)部件装配指产品在进入总装以前的装配工作。凡是将两个以上的零件组合在一起或将零件与几个组件结合在一起,成为一个装配单元的工作,均称为部件装配。

(2)总装配指将零件和部件结合成一台完整产品的过程。

**3)调整、精度检验和试车**

(1)调整工作是指调节零件或机构的相互位置、配合间隙、结合程度等,目的是使机构或机器工作协调一致,如轴承间隙、镶条位置、蜗轮轴向位置的调整。

(2)精度检验包括几何精度检验和工作精度检验等。例如,车床总装后要检验主轴中心线和床身导轨的平行度、中拖板导轨和主轴中心线的垂直度,以及前后两顶尖的等高。工作精度一般指切削试验,如车床进行车圆柱或车端面试验。

(3)试车是试验机构或机器运转的灵活性、振动、工作温升、噪声、转速、功率等性能参数是否符合要求。

**4)喷漆、涂油、装箱**

机器装配之后,为了使其美观、防锈和便于运输,还要做好喷漆、涂油和装箱工作。

## 2.产品的装配方法

产品的装配过程不是简单地将有关零件连接起来的过程,每一步装配工作都要满足预定的装配要求,即应达到一定的装配精度。通过尺寸链分析,可知由于封闭环公差等于组成环公差之和,装配精度取决于零件制造公差,但零件制造精度过高,生产将不经济。为正确处理装配精度与零件制造精度二者的关系,妥善处理经济与使用要求的矛盾,形成了一些不同的装配方法。

**1)完全互换装配法**

在同类零件中,任取一个装配零件,不经修配即可装入部件中,并能达到规定的装配要求,这种装配方法称为完全互换装配法,完全互换装配法有如下特点。

(1)装配操作简便,生产效率高。

(2)容易确定装配时间,便于组织流水装配线。

(3)零件磨损后,便于更换。

(4)零件加工精度要求高,制造费用随之增加,因此适于组成环数少、精度要求不高的场合,或者用于大批量生产。

**2)选择装配法**

选择装配法有直接选配法和分组选配法两种。

（1）直接选配法是由装配工人直接从一批零件中选择"合适"的零件进行装配，这种方法比较简单，其装配质量凭工人的经验和感觉来确定，但装配效率不高。

（2）分组选配法是将一批零件逐一测量后，按实际尺寸的大小分成若干组，然后将尺寸大的包容件（如孔）与尺寸大的被包容件（如轴）相配，将尺寸小的包容件与尺寸小的被包容件相配。这种装配方法的配合精度取决于分组数，即增加分组数可以提高装配精度。

分组选配法的特点如下。

① 经分组选配后零件的配合精度高。

② 因零件制造公差放大，所以加工成本降低。

③ 增加了对零件的测量分组工作量，并需要加强对零件的储存和运输管理，可能造成半成品和零件的积压。

分组选配法常用于大批量生产中装配精度要求很高、组成环数较少的场合。

**3）修配装配法**

修配装配法是指装配时修去指定零件上的预留修配量，以达到装配精度的装配方法。

修配装配法的特点如下：

（1）通过修配得到装配精度，可降低零件制造精度。

（2）装配周期长，生产效率低，对工人技术水平的要求较高。

修配法适用于单件和小批量生产，以及对装配精度要求高的场合。

**4）调整装配法**

调整装配法是指装配时调整某一零件的位置或尺寸以达到装配精度的装配方法。一般采用斜面、锥面、螺纹等移动可调整件的位置；采用调换垫片、垫圈、套筒等控制调整件的尺寸。

调整装配法的特点如下。

（1）零件可按经济精度确定加工公差，装配时通过调整达到装配精度。

（2）使用中还可定期进行调整以保证配合精度，便于维护与修理。

（3）生产率低，对工人技术水平的要求较高。

除必须采用分组装配的精密配件外，调整装配法一般可用于各种装配场合。

**3．装配工艺规程**

**1）装配工艺规程及作用**

装配工艺规程是指导装配施工的主要技术文件之一，它规定产品及部件的装配顺序、装配方法、装配技术要求和检验方法及装配所需设备、工具、时间定额等，是提高质量和效率的必要措施，也是组织生产的重要依据。

**2）装配工艺规程的制定**

（1）制定装配工艺规程的基本原则。

① 保证产品装配质量。

② 合理安排装配工序，尽量减少装配工作量、减轻劳动强度、提高装配效率、缩短装配周期。

③ 尽可能少占车间的生产面积。

（2）制定装配工艺所需的原始资料。

① 产品的总装图、部件装配图及零件明细表等。

② 产品的验收技术条件，包括试验工作的内容及方法。

③ 产品生产规模。

④ 现有的工艺装备、车间面积、工人技术水平及工时定额标准等。

（3）制定装配工艺规程的方法和步骤。

① 对产品进行分析：包括研究产品装配图及装配技术要求；对产品进行结构尺寸分析，根据装配精度进行尺寸链的分析计算，以确定达到装配精度的方法；对产品结构进行工艺性分析，将产品分解成可独立装配的组件和分组件。

② 确定装配组织形式：主要根据产品结构特点和生产批量选择适当的装配组织形式，进而确定总装及部装的划分，装配工序是集中还是分散，产品装配运输方式及工作场地准备等。

③ 根据装配单元确定装配顺序，首先选择装配基准件，按先下后上、先内后外、先难后易、先精密后一般、先重后轻的规律去确定其他零件或分组件的装配顺序。

④ 划分装配工序：确定装配顺序后，还要将装配工艺过程划分为若干工序，并确定各个工序的工作内容、所需的设备、工件夹具及工时定额等。

⑤ 制定装配工艺卡片：单件小批量生产不需要制定工艺卡，工人按装配图和装配单元系统图进行装配即可。成批生产，应根据装配系统图分别制定总装和部装的装配工艺卡片。

### 4．螺纹连接的装配技术要求

螺纹连接是一种可拆的固定连接，它具有结构简单、连接可靠、装拆方便等优点，在机械中应用广泛。螺纹连接分普通螺纹连接和特殊螺纹连接两大类。普通螺纹连接的基本类型有螺栓连接、双头螺柱连接、螺钉连接等，如表4-3所示，除此以外的螺纹连接称为特殊螺纹连接。

表4-3　普通螺纹的基本类型及其应用

| 类型 | 螺栓连接 | 双头螺柱连接 | 螺钉连接 | 紧定螺钉连接 |
|---|---|---|---|---|
| 结构 | | | | |
| 特点及应用 | 无须在连接件上加工螺纹，连接件不受材料限制。主要用于连接件不太厚，并能从两边进行装配的场合 | 拆卸时只需旋下螺母，螺柱仍留在机体螺纹孔内，故螺纹孔不易损坏。主要用于连接件较厚且需要经常拆装的场合 | 主要用于连接件较厚，或结构上受到限制，不能采用螺栓连接，且不需要经常拆装的场合，经常拆装很容易使螺纹孔损坏 | 紧定螺钉的末端顶住其中一连接件的表面或进入该零件上相应的凹坑中，以固定两零件的相对位置。多用于轴与轴上零件的连接，传递不大的力或扭矩 |

**1）保证一定的拧紧力矩**

为达到螺纹连接可靠和紧固的目的，要求纹牙间有一定的摩擦力矩，所以螺纹连接装配时应有一定的拧紧力矩，使纹牙间产生足够的预紧力。

拧紧力矩或预紧力的大小是根据使用要求确定的，一般紧固螺纹连接，不要求预紧力十分准确，而规定预紧力的螺纹连接，则必须用专门的方法来保证准确的预紧力。

**2）有可靠的防松装置**

螺纹连接一般具有自锁性，在静载荷下，不会自行松脱，但在冲击、振动或交变载荷下，会使纹牙之间的正压力突然减小，以致摩擦力矩减小，使螺纹连接松动。因此，螺纹连接应有可靠的防松装置，以防止摩擦力矩减小和螺母回转。

**3）螺纹拆卸常用扳手**

（1）活动扳手，如图 4-34 所示，活动扳手的使用方法如图 4-35 所示。

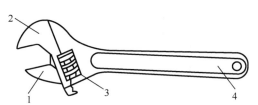
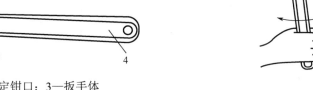

1—活动钳口；2—固定钳口；3—扳手体

图 4-34　活动扳手　　　　　　　　图 4-35　活动扳手的使用方法

（2）专用扳手。

① 开口扳手：它的开口尺寸与螺母或螺钉对边间距的尺寸相适应，并根据标准尺寸做成一套，如图 4-36 所示。

② 锁紧扳手：专门用来锁紧各种结构的圆螺母，其结构多种多样，如图 4-37 所示。

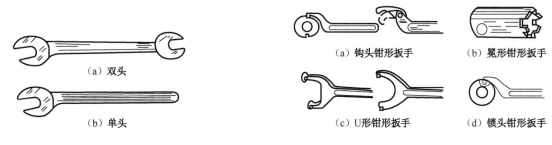

图 4-36　开口扳手　　　　　　　　图 4-37　锁紧扳手

③ 内六角扳手：用于装拆内六角螺钉。成套的内六角扳手可供装拆 M4～M30 的内六角螺钉，如图 4-38 所示。

图 4-38　内六角扳手

思考与练习

(1) 产品的装配工艺包括哪四个过程?

(2) 产品的装配方法有哪几种?

(3) 简述制定装配工艺规程的方法和步骤。

技能要求

## 学习活动　三角滑动机构及三角定位件装配实训

| 工具、量具、标准件 | 内六角扳手、铜棒、锉刀、麻花钻、铰刀、刀口角尺、塞尺、游标卡尺,标准件有 $\phi 8$ 圆柱销、M5 螺钉、销钉。 |
|---|---|
| 装配工艺 | （1）组合底板与立板的装配：保证配合间隙 < 0.06mm,对称度误差 < 0.04mm,垂直度误差 < 0.02mm。<br>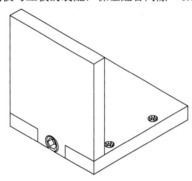 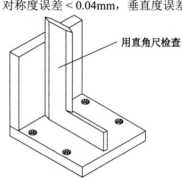用直角尺检查<br>（2）装配燕尾压板。<br>（3）装配一侧燕尾压板,保证压板与立板的垂直度误差 < 0.02mm。<br>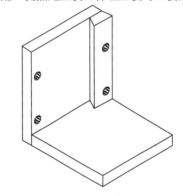 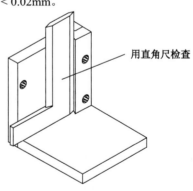用直角尺检查<br>（4）装配另一侧压板,保证两块压板相互平行,与滑动件的配合间隙 < 0.05mm,且滑动件滑动顺畅。<br>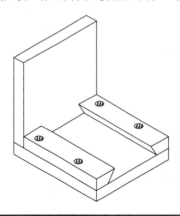 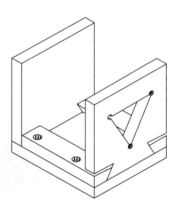 |

续表

| 装配工艺 | （5）装配滑动件及镶件。<br>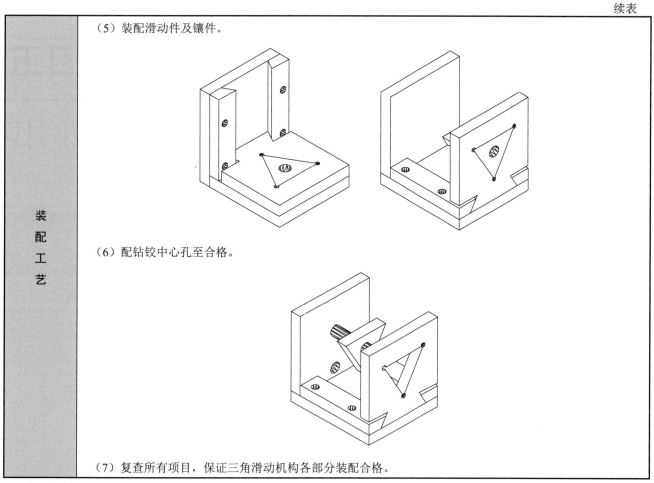<br>（6）配钻铰中心孔至合格。<br><br>（7）复查所有项目，保证三角滑动机构各部分装配合格。 |
|---|---|

## 项目考核

| 项目四　三角滑动机构制作 |||||||||
|---|---|---|---|---|---|---|---|---|
| 姓　　名 | 项目总成绩评定表 |||||||  |
| 任　　务 | 小组互评（40%） |||| 教师评价（60%） |||| 总评成绩 |
| | 零件加工成果组内评分（学生自评/互评）（10分） | 任务工作过程/团队意识（5分） | 项目责任心/品质控制（5分） | 任务展示/PPT 展示（20分） | 劳动纪律与态度/安全文明生产（10分） | 规范操作（10分） | 制作工艺（10分） | 项目成果/评分表（30分） | 任务总分 | 项目总评 |
| | | | | | | | | | | |
| | | | | | | | | | | |
| | | | | | | | | | | |
| | | | | | | | | | | |
| | | | | | | | | | | |

# 项目五

# 划规制作

## 项目情景描述

划规用来划圆弧、等分线段、等分角及量取尺寸等。常用的划规有普通划规、扇形划规和弹簧划规3种，如图5-1、图5-2和图5-3所示。

现接到实习任务，要求5天内按图样完成30把划规的制作。

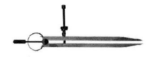

图5-1　普通划规　　　　　图5-2　扇形划规　　　　　图5-3　弹簧划规

## 教学目标

（1）应了解铆接种类及应用范围。
（2）会根据材料正确选择铆钉的种类、直径、长度。
（3）能根据被连接板的厚度正确选择钉孔直径。
（4）会使用铆接工具。
（5）能掌握铆接方法。
（6）能正确制作和装配划规。

## 知识要求

## 任务1　铆　　接

### 任务描述

借助铆钉形成的不可拆的连接称为铆接，如图5-4所示。目前，在很多零件连接中，铆接已被焊接代替，但因铆接具有操作简单、连接可靠和耐冲击等特点，所以在机器和工具制造等方面仍有较多的应用。

铆接课业练习

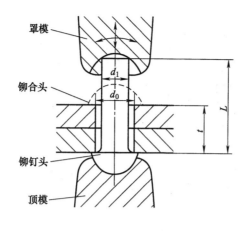

图 5-4 铊接

### 知识点

#### 1. 铆接种类

按使用要求可分为活动铆接和固定铆接，如图 5-5 和图 5-6 所示。活动铆接其结合部位可以相互转动，用于钢丝钳、剪刀、划规等工具铆接。固定铆接又分为强固铆接、紧密铆接和强密铆接。强固铆接应用于需要足够的强度、承受强大作用力的地方，如桥梁、车辆、起重机等；紧密铆接只能承受很小的均匀压力，但要求接缝处紧密，以防渗漏，常应用于低压容器装置，如气筒、水箱、油罐等；强密铆接能承受很大的压力，但要求接缝紧密，即使在较大压力下，也能保证液体或气体不渗漏，一般应用于锅炉、压缩空气罐及其他高压容器。

图 5-5 活动铆接

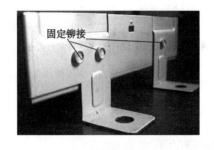

图 5-6 固定铆接

按铆接方法分为冷铆、热铆和混合铆。冷铆是在常温下直接镦出铆合头，应用于 $d < 8mm$ 以下的钢制铆钉。热铆是加热到一定温度后铆接，铆钉塑性好，易成型，冷却后结合强度高。热铆时铆钉孔直径应放大 0.5～1mm，使铆钉在热状态时容易插入，$d > 8mm$ 钢制铆钉多用于热铆。混合铆是只把铆钉的铆合头端部加热，以避免铆接时铆钉弯曲，适用于细长铆钉的铆接。

#### 2. 铆钉及铆接工具

（1）铆钉：按其材料不同可分为钢质、铜质、铝制铆钉；按其形状不同可分为平头、半圆头、沉头、半圆沉头、管形空心和皮带铆钉，如表 5-1 所示。

铆钉的标记一般要标出直径、长度和国家标准序号。例如，铆钉 5×20GB867—86，表示铆钉直径为 5mm，长度为 20mm，国家标准序号为 GB867—86。

表 5-1 铆钉的种类、形状及应用

| 种 类 | 形 状 | 应 用 |
|---|---|---|
| 平头铆钉 | | 铆接方便,应用广泛,常用于一般无特殊要求的铆接中,如铁皮箱盒、防护罩壳及其他结合件中 |
| 半圆头铆钉 | | 应用广泛,如钢结构的屋架、桥梁和车辆、起重机等 |
| 沉头铆钉 | | 应用于框架等要求制品表面平整的地方,如铁皮箱柜的门窗等 |
| 半圆沉头铆钉 | | 用于有防滑要求的地方,如踏脚板和走路梯板等 |
| 管状空心铆钉 | | 用于在铆接处有空心要求的地方,如电器部件的铆接等 |
| 皮带铆钉 | | 用于铆接机床制动带,以及铆接毛毡、橡胶、皮革材料的制件 |

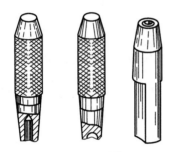

（a）压紧冲头　（b）罩模　（c）顶模

图 5-7 铆接工具

（2）铆接工具：手工铆接工具除锤子外，还有压紧冲头、罩模、顶模等，如图 5-7 所示。罩模用于铆接时镦出完整的铆合头；顶模用于铆接时顶住铆钉原头，这样既有利于铆接又不损伤铆钉原头。

（3）半圆头铆钉铆接方法：铆钉插入孔后，将顶模置于垂直、稳固的状态，使铆钉半圆头与顶模凹圆相接。用压紧冲头把被铆接件压紧贴实，如图 5-8（a）所示。用锤子锤打铆钉伸出部分，使其镦粗，如图 5-8（b）所示。用锤子适当斜着均匀锤打周边铆钉，如图 5-8（c）所示。用尺寸适宜的罩模铆打成型，不时转动罩模，垂直锤打，如图 5-8（d）所示。

### 3．铆接的形式及铆距

（1）铆接的形式：由于铆接时的构件要求不一样，所以铆接分为搭接、对接、角接等几种形式，如图 5-9 所示。

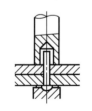 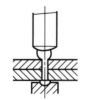  

（a）压紧铆接件　　（b）锤打铆钉伸出部分　　（c）斜着均匀锤打周边铆钉　　（d）垂直打铆钉

图 5-8 半圆头铆钉铆接步骤

（2）铆距：指铆钉间距或铆钉与铆接板边缘的距离。在铆接连接结构中，有以下三种隐蔽性的损坏情况——沿铆钉中心线被拉断、铆钉被剪切断裂、孔壁被铆钉压坏。因此，按结构和工艺的要求，铆钉的排列距离有一定的规定。例如，铆钉并列排列时，铆距 $t \geqslant 3d$（$d$ 为铆钉直径）。铆钉中心到铆接板边缘的距离在铆钉孔是钻孔时约为1.5$d$；在铆钉是冲孔时约为2.5$d$。

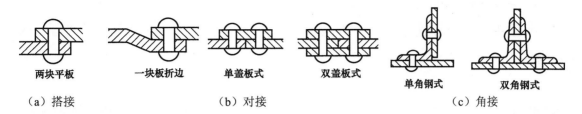

图5-9 铆接的形式

#### 4．铆钉直径确定

铆钉直径的大小与被连接的厚度、连接形式及被连接板的材料等多种因素有关。当被连接板的厚度相同时，铆钉直径等于板厚的1.8倍；当被连接板厚度不同，搭接连接时，铆钉直径等于最小板厚的1.8倍。铆钉直径可以在计算后按表5-2圆整。

表5-2 铆钉直径及通孔直径（GB/T152.1—1988） 单位：mm

| 铆钉直径$d$ | | 2.0 | 2.5 | 3.0 | 3.5 | 4.0 | 5.0 | 6.0 | 8.0 | 10.0 |
|---|---|---|---|---|---|---|---|---|---|---|
| 铆钉直径$d_0$ | 精装配 | 2.1 | 2.6 | 3.1 | 3.6 | 4.1 | 5.2 | 6.2 | 8.2 | 10.3 |
| | 粗装配 | 2.2 | 2.7 | 3.4 | 4.0 | 4.5 | 5.6 | 6.5 | 8.5 | 11 |

#### 5．铆钉长度的确定

铆接时铆钉杆所需长度，除了被铆接件总厚度，还需要保留足够的伸出长度，以用来铆制完整的铆合头，从而获得足够的铆合强度。铆钉杆长度可用下式计算。

半圆头铆钉杆的长度：

$$L = 被铆接件总厚度 + (1.25 \sim 1.5) \times 铆钉直径$$

沉头铆钉杆长度：

$$L = 被铆接件总厚度 + (0.8 \sim 1.2) \times 铆钉直径$$

#### 6．钉孔直径的确定

铆接时钉孔直径的大小应随着连接要求的不同而有所变化。如孔径过小，使铆钉插入困难；孔径过大，则铆合后的工件容易松动，合适的钉孔直径应按表5-2选取。

【例】用沉头铆钉搭接连接厚度为2mm和5mm的两块钢板，试选择合适的铆钉直径、长度及钉孔直径。

**解**：$d = 1.8t = 1.8 \times 2 = 3.6 (mm)$

按表5-2圆整后，取$d = 4$mm，则有

$$L = 2 + 5 + (0.8 \sim 1.2) \times 4 = 10.2 \sim 11.8 (mm)$$

精装配时，铆钉直径为4.1mm；粗装配时，铆钉直径为4.5mm。

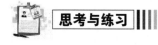

（1）什么叫铆接？按使用要求铆接分为哪几种？按铆接方法的不同铆接又分为哪几种？

（2）冷铆、热铆、混合铆各适用于什么场合？

（2）试述半圆头铆钉的铆接过程。

（3）用半圆头铆钉搭接连接厚度为 8mm 和 2mm 的两块钢板，试计算铆钉直径、长度及钉孔直径各为多少。

# 技能要求

## 学习活动　抽芯铆接实训

【操作准备】

手动铆枪（见图 5-10）、铝制铆钉（见图 5-11）、板料、手锤等。

图 5-10　手动铆枪

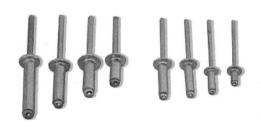

图 5-11　铝制铆钉

【操作步骤】

（1）将铆钉塞入铆钉枪拉头内，拉头内的卡爪将铆钉夹住，将铆钉插入工件孔中，如图 5-12 所示。

（2）铆钉枪垂直于结构件表面并压紧，消除结构件之间的间隙；将芯杆拉入钉套中，扣动扳机，芯杆被拉向上，使芯杆尾端较粗部分进入钉套中，将钉套由下而上逐渐拉粗，使钉套填满钉孔。

（3）铆钉枪继续拉抽芯杆到一定位置，结构件紧贴在一起，消除间隙；继续拉抽芯杆，形成镦头；压入锁环，铆钉枪将锁环推入芯杆与钉套的锁紧环槽内；芯杆拉断，完成铆接。

（4）芯杆拉断，完成铆接后，用软锤适当斜着均匀锤打周边至合格，如图 5-13 所示。

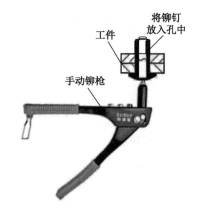

图 5-12　将铆钉插入工件孔中

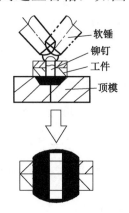

图 5-13　用软锤锤打周边

【注意事项】

（1）铆接的工件和铆钉要洁净，钉孔应对准。

（2）铆接的工件应紧密贴合。

（3）铆钉直径、长度，以及钉孔的直径应选择正确。

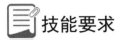

## 任务2　制作划规

划规及划规零件图如图 5-14 所示。

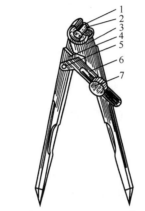

（a）划规（1～7 注释见表 5-3）

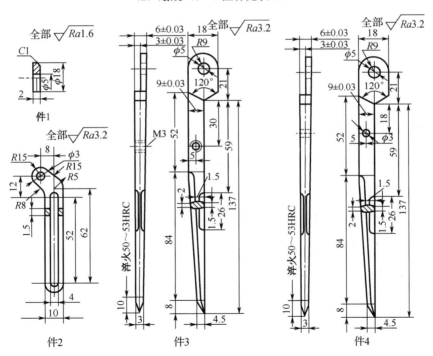

（b）划规零件图（件1—垫片；件2—活动连板；件3—右脚划规；件4—左脚划规）

图 5-14　划规及划规零件图

【操作准备】

锤子、铁砧、锉刀、砂布、油石、钻头、铰刀、丝锥、顶模、木块、钢直尺、游标卡尺、刀口角尺、万能角度尺、划线平板、高度游标卡尺、千分尺、钢丝刷等。

工件、材料的件数与规格如表 5-3 所示。

表 5-3 工件、材料的件数与规格

| 序 号 | 工 件 | 材 料 | 件 数 | 规 格 | 工 时 |
|---|---|---|---|---|---|
| 1 | 垫片 | 45 | 2 | $\phi$20mm × 10mm | |
| 2 | 半圆头铆钉 | 铝铆钉 | 1 | $\phi$5mm × 20mm | |
| 3 | 右脚划规 | Q235 | 1 | 175mm × 20mm × 6mm | |
| 4 | 左脚划规 | Q235 | 1 | 175mm × 20mm × 6mm | 20～26 学时 |
| 5 | 半圆头铆钉 | 铝铆钉 | 1 | $\phi$3mm × 12mm | |
| 6 | 活动连板 | Q235 | 1 | 100mm × 30mm × 2mm | |
| 7 | 锁紧螺钉 | 45 | 1 | $\phi$3mm × 6mm | |

**操作步骤如下：**

（1）检查毛坯尺寸，划线。

（2）粗、精锉削划规平面，达到平直要求，厚度尺寸在 $6_{\ 0}^{+0.01}$ mm 范围内。

（3）粗、精锉削左、右划规脚 9mm 宽的内侧平面，保证其与 9mm 宽的外平面垂直，并保证宽度方向各尺寸的余量。

（4）分别以外平面和内侧面为基准划 3mm 及内、外 120°角加工线。

（5）锉 120°角及 $(3 \pm 0.03)$mm 的凹平面时，应保证平行度误差 ≤ 0.01mm，120°角交线必须在内侧面上，并留有锉配修整余量 0.2～0.3mm（加工时要注意角交线到端面 30mm 的尺寸余量）。

（6）配合修锉两划规脚 120°角度，达到配合间隙 ≤ 0.06mm。

（7）以内侧面和 120°角交线为基准，划 $\phi$5mm 孔位线（$\phi$5mm 孔的中心线应在内侧面的延长线上）。

（8）两脚并合夹紧，钻、铰 $\phi$5mm 孔，并做 C0.5 倒角。

（9）以内侧面和外平面为基准，分别划 9mm、18mm 及 6mm 的加工线，用 M5 螺钉、螺母连接垫片和两脚，按线进行外形粗锉加工。

（10）确定一个脚为右脚，按同样的尺寸划线，钻 $\phi$2.5mm 孔（孔口倒角），攻 M3 螺纹（根据实际情况选用螺钉，可以选 M3、M4 或 M5）。

（11）用 $\phi$5mm 铆钉铆接，达到活动铆接要求。铆接的具体操作方法如下。

① 放入铆钉，把铆钉半圆头放在顶模上，用压紧冲头压紧板料。

② 用锤子镦粗铆钉伸出部分，并将四周锤成型。

③ 用罩模修整，达到要求。

（12）精加工外形尺寸，达到 $(9 \pm 0.03)$mm 和 $(6 \pm 0.03)$mm 的尺寸要求，满足表面粗糙度 $Ra$ ≤ 3.2μm 的要求（用砂纸和油石打磨），并根据垫圈外径锉修 R9mm 圆弧头。

（13）按图在两脚上划出外侧倒角线及内侧捏手槽位置线，并按要求锉出。各棱交线要清晰，内圆弧应圆滑光洁。

（14）按图样要求加工活动连板（件4），然后抛光，使其达到要求。

（15）活动连板用 $\phi$3mm 铆钉紧固铆接在左脚划规上，进行铆接。

（16）将脚尖锉削成型后，淬火。

（17）全部复查及修整，达到使用要求。

**【注意事项】**

（1）120°角度面与3mm的平面垂直度误差方向以＜90°为好，以便达到要求。

（2）为了保证铆接后划规两脚转动时松紧适度，铆合面必须平直光洁，平行度误差必须控制在最小范围内。

（3）钻 $\phi$5mm 的铆钉孔时，必须两脚配合正确，且在可靠夹紧的情况下，并钻在两脚内侧面延长线上，否则并合间隙将达不到要求，而且不能再修整加工。

（4）在加工外侧倒角与内侧捏手槽时，必须一起划线，锉两脚时应经常并拢两脚检查大小和长短是否一致，否则会影响划规的外形质量。

（5）在加工活动连板时，由于厚度尺寸小，应先加工长槽，再加工外形轮廓，钻孔时必须夹牢，避免造成工伤或折断钻头。

（6）由于活动连板加工时有尺寸、形状的误差，为了使装配后位置正确，可将螺钉孔的位置用螺钉进行试配、配钻的方法确定。

**【成绩评定】**

| 学　号 | | 姓　名 | | 总　得　分 | | |
|---|---|---|---|---|---|---|
| 项目：划规制作 | | | | | | |
| 序　号 | 质量检查的内容 | 配　分 | 评分标准 | | 扣　分 | 得　分 |
| 1 | (9±0.03)mm，2处 | 6 | 超差一处扣3分 | | | |
| 2 | (6±0.03)mm，2处 | 6 | 超差一处扣3分 | | | |
| 3 | 120°配合间隙≤0.06mm，2处 | 16 | 超差一处扣8分 | | | |
| 4 | 2脚并合间隙≤0.08mm | 8 | 超差不得分 | | | |
| 5 | R9mm 圆头光滑正确 | 6 | 目测不合格全扣 | | | |
| 6 | 铆接松紧适宜<br>铆合头完整，2处 | 8 | 每处铆合头有缺陷扣4分 | | | |
| 7 | $\phi$3mm 铆合头，2处 | 10 | 每处缺陷扣5分 | | | |
| 8 | 两脚倒角对称，8处 | 16 | 每处不合格扣2分 | | | |
| 9 | 脚尖倒角对称，2处 | 6 | 每处不合格扣3分 | | | |
| 10 | $Ra$≤3.2μm，8处 | 8 | 每处升高一级扣1分 | | | |
| 11 | 安全文明生产 | 10 | 违者每项扣5分 | | | |

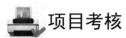 项目考核

| 姓　名 | 项目五　划规制作 ||||||||| 总评成绩 ||
|---|---|---|---|---|---|---|---|---|---|---|
| | 项目总成绩评定表 ||||||||||
| | 小组互评（40%） |||| 教师评价（60%） |||| |||
| 任　务 | 零件加工成果组内评分（学生自评/互评）（10分） | 任务工作过程/团队意识（5分） | 项目责任心/品质控制（5分） | 任务展示/PPT展示（20分） | 劳动纪律与态度/安全文明生产（10分） | 规范操作（10分） | 制作工艺（10分） | 项目成果/评分表（30分） | 任务总分 | 项目总评 |
| | | | | | | | | | | |
| | | | | | | | | | | |
| | | | | | | | | | | |

# 项目六
# 模具拆装与测绘

## 项目情景描述

模具拆装实训是模具设计专业的学生在教师的指导下,对生产中使用的冷冲压模具和注射模进行拆卸和重新组装的实践教学环节。通过对冷冲压模具和注射模的拆装实训进一步认识模具的结构及工作原理,了解组成模具的零件及其在模具中的作用、相互间的装配关系,熟悉模具的装配过程、方法和各装配工具的使用,为理论课的学习和模具制作设计奠定良好的基础。

## 教学目标

(1) 能掌握典型模具的工作原理、结构组成。
(2) 能掌握模具零部件的功用、相互间的配合关系。
(3) 能清楚模具零件的加工要求。
(4) 能正确地使用模具装配常用工具和辅具。
(5) 能掌握模具装拆的一般步骤和方法。
(6) 能通过观察模具的结构分析零件的形状。
(7) 能对所拆装的模具结构提出自己的改进方案。
(8) 能正确描述模具的动作过程。
(9) 能正确地草绘模具结构图、部件图和零件图。
(10) 能正确绘制所拆装的冲压和注射模装配图。

模具拆装与测绘课业练习

## 知识要求

### 任务1 冲裁模拆装与测绘

**任务描述**

通过对冲裁模的拆卸和装配,要求掌握典型冷冲压模具的工作原理、结构组成、模具零部件的功用、相互间的配合关系及模具零件的加工要求。拆装模具时,能正确地使用模具装配的工具和辅具,掌握模具拆装步骤和方法;能通过观察模具的结构分析零件的形状,对所拆装的模具结构能提出自己的改进方案;装拆模具完成后,能正确绘制模具结构图、部件图、零件图和装配图。

### 1. 冲裁模的基本结构

(1)一副冲裁模可分为上模和下模两大部分,如图6-1所示。工作时,模用压板固定在压力机的台面上不动(图6-1中的1、2、3、4、5、17部分);上模通过模柄与压力机滑块连在一起,并随压力机滑块上下往复运动(图6-1中的6、7、8、9、10、11、12、13、14、15、16部分)。

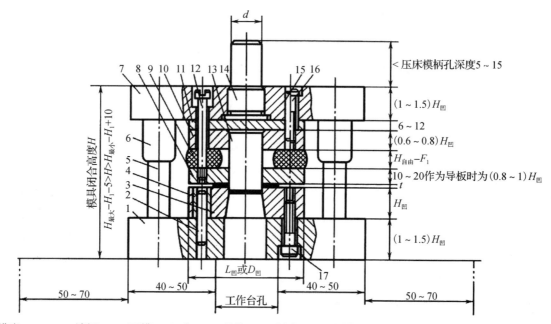

1—下模座;2、15—销钉;3—凹模;4—套;5—导柱;6—导套;7—上模座;8—卸料板;9—橡胶;10—凸模固定板;11—垫板;12—卸料螺钉;13—凸模;14—模柄;16、17—螺钉

图6-1 冲裁模典型结构与模具总体设计尺寸关系图

(2)冲裁模分为以下几部分。

① 导向装置:确保模具使用的动精度(图6-1的序号5导柱和序号6导套)。

② 定位装置:确保冲裁毛坯在模具中的正确位置。

③ 卸料和取件装置:确保冲裁完后能顺利卸去废料并取出工件。

④ 压料装置:确保毛坯紧贴下模。

### 2. 冲裁模的分类

冲裁模的分类有单工序冲裁模、复合冲裁模和级进冲裁模。

**1)单工序冲裁模**

压力机在一次冲压行程内只完成一种冲压工序称为单工序冲裁模,如图6-2所示。单工序冲裁模结构简单，模具精度相对较低。

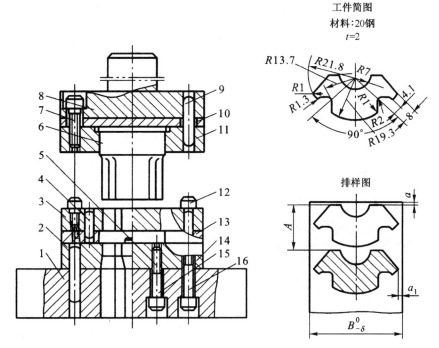

1—下模座；2、4、9—销；3—导板；5—挡料钉；6—凸模；7—螺钉；8—上模座；
10—垫板；11—凸模固定板；12、15、16—螺钉；13—导料板；14—凹模

图 6-2　单工序冲裁模

### 2）复合冲裁模

压力机的一次工作行程，在模具的同一工位同时完成数道冲压工序称为复合冲裁模。复合冲裁模的结构相对复杂，但模具精度较高。复合冲裁模的基本结构如图 6-3 所示。顺装复合冲裁模如图 6-4 所示。

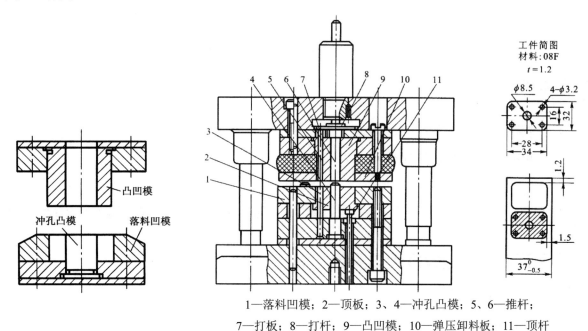

1—落料凹模；2—顶板；3、4—冲孔凸模；5、6—推杆；
7—打板；8—打杆；9—凸凹模；10—弹压卸料板；11—顶杆

图 6-3　复合冲裁模的基本结构　　　　图 6-4　顺装复合冲裁模

### 3)级进冲裁模

级进冲裁模是指压力机在一次行程中一次在模具几个不同的位置上同时完成多道冲压工序的冲裁模。模具结构较复杂，精度较高，主要用于尺寸较小、形状复杂的冲压件生产。双侧刃级进冲裁模如图6-5所示。

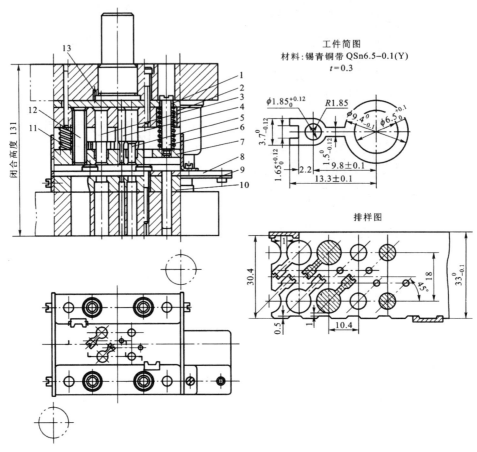

1—垫板；2—固定版；3—落料凸模；4、5—冲孔凸模；6—卸料螺钉；7—卸料板；
8—导料板；9—承料板；10—凹模；11—弹簧；12—成型侧刃；13—防转销

图6-5 双侧刃级进冲裁模

### 思考与练习

（1）冲裁模有哪几类？
（2）冲裁模结构由哪几部分组成？

## 技能要求

### 学习活动 冲裁模拆装与测绘实训

【操作准备】

（1）模具准备——单工序冲裁模、复合冲裁模、级进冲裁模若干套。

（2）拆装工具和量具准备——游标卡尺、角尺、内六角扳手、平行铁、台虎钳、锤子、铜棒等常用钳工工具。

(3) 实训准备。

① 小组及人员分工。同组人员对拆卸、观察、测量、记录、绘图等进行分工。

② 工具准备。领用并清点拆卸和测量所用的工具，了解工具的使用方法及使用要求，将工具和量具分开摆放整齐。实训结束时，保养并清点工具，交由指导教师验收。

③ 熟悉实训要求。要求复习有关理论知识，详细阅读教材，对实训报告所要求的内容在实训过程中进行详细记录。拆装实训时带齐绘图仪器和纸张。

【操作步骤】

（1）拆卸模具前，仔细观察已准备好的冲裁模，熟悉其工作原理、各零部件的名称、功用及相互配合关系。拆卸后，用测量工具测出各零件的具体尺寸并绘出模具结构草图。同时，要了解模具所完成的冲压工序及工步排列顺序，以及坯料和工序件的结构形状，确定被加工工件的几何形状及尺寸等。

（2）冲裁模拆卸步骤如下。

① 在拆卸模具之前，要先观察模具的外形结构，测量其总体尺寸（如模具的闭合高度、外形尺寸等），画出草图。

② 把模具分成上模和下模。

③ 分别把上模和下模拆为几个组件。

④ 根据组件中零件的配合关系，将除过盈配合零件外的其他零件分解为单个零件。

⑤ 仔细观察凸模和凹模的结构形状、加工要求、固定方法及可能的材料；定位与导料零件的结构形式及定位特点；卸料、压料零件的结构形式、动作原理、安装方式；导向零件的结构形式与加工要求；支撑零件的结构及其作用；紧固件及其他零件的名称、数量和作用；测绘出它们的形状尺寸，做好记录。

⑥ 要分类放置好拆卸下来的零件，并做好标记，记清各零件在模具中的位置及配合关系，并测量各配合部位的尺寸。

⑦ 对测量的数据进行整理。

⑧ 绘出冲裁模生产制件的零件图和草图。

（3）拆卸后的模具零件要求。

拆卸后的模具零件必须清理干净才能组装。

（4）冲裁模的装配原则。

① 按先拆的零件后装、后拆的零件先装为一般原则进行装配。

② 按顺序装配模具：将全部模具零件装回原来位置；注意正、反方向，防止漏装；遇到受损零件不能装配时要修复后再装配。

③ 装配后检查：观察装配后的模具是否与拆卸前一致，检查是否有错装和漏装等现象。

④ 装配后，要求凸模和凹模之间、导柱和导套之间滑动顺畅，同时要做好防锈处理。

⑤ 绘制模具总装草图：绘制模具草图时在图上记录有关尺寸。

（5）绘制装配图时的注意事项如下。

画冲裁模装配图和其他的结构视图一样，要有足够的视图来说明模具结构。一般情况下，主视图和俯视图要按照投影关系画出。

① 主视图画出冲压结束时的工作位置；俯视图只画出下模部分的俯视图。

② 当剖视图位置比较小时，同一视图位置的螺钉和销钉可各画一半。

③ 若下模部分有弹顶装置，不用全部画出，只在下模座上画出连接的螺孔、弹顶装置的顶杆等。

④ 有落料工序的要在右上角画出零件图和排样图。

【注意事项】

（1）拆卸和装配模具时，应先仔细观察模具，务必搞清楚模具零部件的相互装配关系和紧固方法，并按钳工的基本操作方法进行拆卸和装配，以免损坏模具零件。

（2）在拆装过程中，要尽量防止损坏模具零件，对老师指出的不能拆卸的部位，不能强行拆卸。在拆卸过程中，对于少量损伤的零件应及时修复，对于严重损坏的零件应及时更换。

（3）拆卸和装配模具完成后，要及时对模具进行保养。

实训要求：

（1）画出所拆装冷冲压模具的总装图一份，列出标题栏和明细表。

（2）绘制该模具主要零件的零件图。

（3）简述模具的工作原理及各主要零件的作用。

（4）简单说明典型冲裁模拆卸和装配步骤、方法及注意事项。

级进模外部结构图 6-6 所示。级进模的拆卸步骤实例如表 6-1 所示。

图 6-6 级进模外部结构

表 6-1 级进模的拆卸步骤实例

| 序 号 | 结 构 形 式 | 拆 装 说 明 |
| --- | --- | --- |
| 1 |  | 用拆卸工具或压力机将上模、下模分开，并将分开后的上、下模放到工作位置（小型模具可直接在模具拆装台用拆卸工具将上、下模分开；中、大型模具用压力机或起吊装置将上、下模分开，并用专用运载工具将上、下模放到工作台上） |
| 2 |  | 先拆上模（拆开 9 号件卸料螺钉，将 1 号件弹性卸料板和 2 号件弹簧从上模中拆开） |

续表

| 序 号 | 结 构 形 式 | 拆 装 说 明 |
|---|---|---|
| 3 | 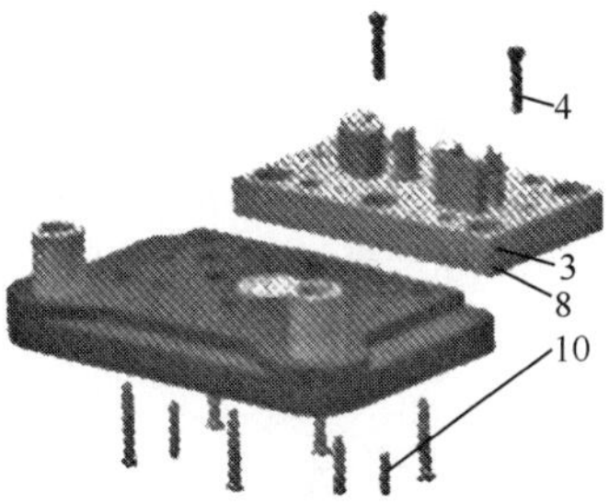 | 拆开连接上模座和凸模固定板的4号件螺钉和10号件销钉,把8号件垫板和3号件凸模固定板从上模拆开 |
| 4 | 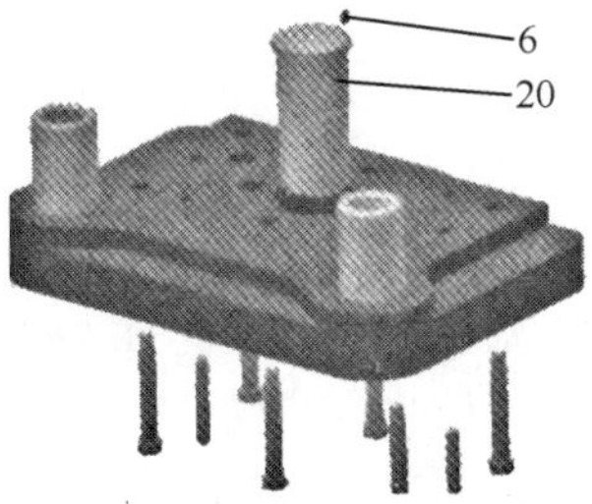 | 拆开6号件销钉,将20号件模柄从上模座中拆出 |
| 5 | 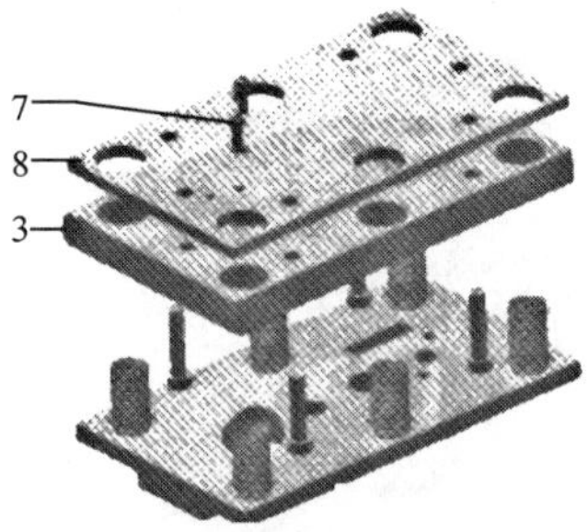 | 拆开7号件螺钉,将8号件垫板和3号件凸模固定板拆开 |
| 6 |  | 将固定在3号件凸模固定板上的5号件所有凸模依次拆开 |
| 7 | 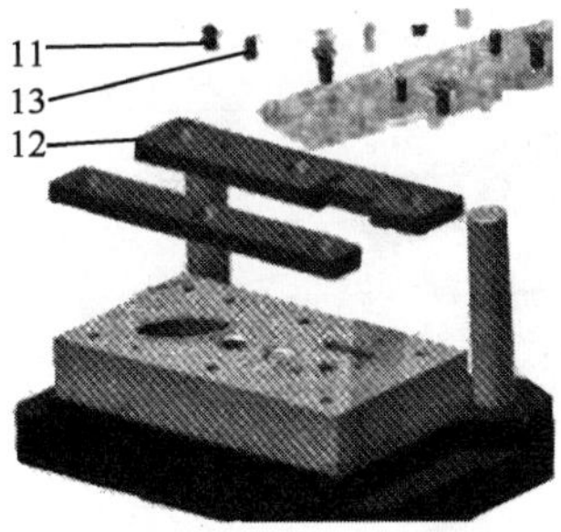 | 拆下模部分(将11号件螺钉和13号件销钉拆开,把12号件导料板从凹模固定板上拆下) |
| 8 |  | 将销钉和螺钉拆开,把14号件凹模固定板从下模座上拆开 |

续表

| 序　号 | 结构形式 | 拆装说明 |
|---|---|---|
| 9 |  | 将所有的凹模嵌块从凹模固定板上拆下 |

**温馨提示**

该模具的装配过程是拆卸过程的逆过程，按此过程进行装配即可，级进模具分解图如图 6-7 所示。有些模具的装配过程与拆卸过程是有一定区别的，应根据实际情况及模具的结构形状来确定。

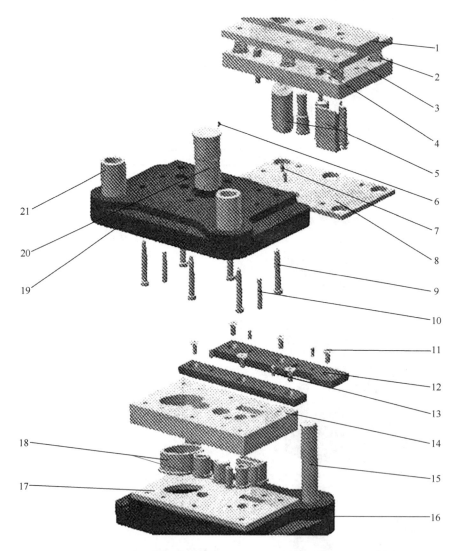

1—弹性卸料板；2—弹簧；3—凸模固定板；4、7、9、11—螺钉；5—所有凸模；
6、10、13—销钉；8、17—垫板；12—导料板；14—凹模固定板；15—导柱；
16—下模座；18—所有凹模嵌块；19—上模座；20—模柄；21—导套

图 6-7　级进模具分解图

模具拆装与测绘　项目六

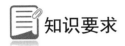

## 任务 2　注射模拆装与测绘

**任务描述**

通过学习注射模的拆卸和装配（见图6-8），掌握典型注射模的工作原理、结构组成、模具零部件的功用、相互间的配合关系。通过装拆学习，能正确地使用模具装配常用的工具和辅具，根据实物绘制模具结构图、部件图和零件草图，能够掌握模具拆装的一般步骤和方法，根据模具实物，能正确描述出该模具的动作过程。拆装完后，要能够完成模具零件图的绘制，每小组合作完成一份拆装模具的总装配图。

图 6-8　注射模拆装实训现场

**知识点**

1. 注射模的结构组成及工作原理

**1）结构组成**

一副注射模由两大部分组成：动模和定模。定模部分安装在注塑机的固定板上，动模部分安装在注射模的移动板上，如图6-9所示。

**2）工作原理**

注塑时，动模和定模两大部分闭合，塑料经喷嘴进入模具型腔；开模时，动模和定模两大部分分离后，由顶出机构动作，推出制件。

**3）各零部件的作用**

根据模具上各个部分所起的作用，注射模可分为以下几部分。

（1）成型部分：构成塑料产品形状的模具型腔。

（2）浇注系统：熔融塑料从注射模喷嘴所流经的模具内通道。

139

（3）导向机构：确保动模、定模之间正确导向和定位的机构。

（4）侧向抽芯机构：使侧向凸模或侧向型芯移动的机构。

（5）顶出机构：模具分型后将塑件顶出的机构。

（6）冷却和加热系统：加热、冷却模具的系统。

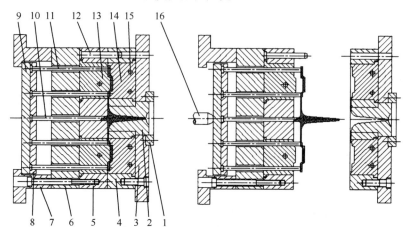

1—定位环；2—主流道衬套；3—定模底板；4—定模板；5—动模板；
6—动模垫板；7—模脚；8—顶出板；9—顶出底板；
10—拉料杆；11—顶杆；12—导柱；13—型芯；14—型腔；15—冷却水嘴；16—推杆

图 6-9  典型单分型面注射模结构

### 思考与练习

（1）简述注射模的工作原理。

（2）注射模由哪几部分组成？

## 技能要求

### 学习活动  注射模拆装与测绘实训

【操作准备】

（1）要拆装的注射模：具有点浇口、抽芯机构的注射模各一副。

（2）拆装的工具和量具准备：游标卡尺、角尺、内六角扳手、平行铁、台虎钳、锤子、铜棒等常用钳工工具。

（3）实训准备。

① 小组人员分工。同组人员对拆卸、观察、测量、记录、绘图等进行分工。

② 工具准备。领用并清点拆卸和测量所用的工具，了解工具的使用方法及使用要求，将工具摆放整齐。实训结束时按工具清单清点工具，交给教师验收。

③ 熟悉实训要求。要求复习有关理论知识，详细阅读本指导书，对实训报告所要求的内容在实训过程中进行详细记录。拆装实训时带齐绘图仪器和纸张。

【操作步骤】

（1）仔细观察已准备好的注射模（见图 6-10），熟悉其工作原理，以及各零部件的名称、功能和相互间的配合关系，用测量工具测出各零部件的具体尺寸并绘出草图。

（2）注射模拆卸原则如下。

① 在拆卸模具之前，要先观察模具的外形结构，测量总体尺寸，画出草图。

② 把模具从分型面处打开分为动模和定模。

③ 将动模和定模拆为几个组件，再将各组件分解为单个零件（如有电热系统，则不拆卸）。

④ 认真仔细观察型芯和型腔的结构形状、加工要求、固定方法；浇注系统的结构形式及特点；脱模机构的结构形式、动作原理；导向零件的结构形式与加工要求；支撑零件的结构及其作用；紧固件及其他零件的名称、数量和作用；测绘出它们的形状、尺寸。

⑤ 分类放置好拆卸下来的零件，并做好标记，以便装配。

⑥ 在拆装过程中，要记清各零件在模具中的位置及配合关系。

⑦ 对测量的数据进行整理。

⑧ 绘出注射模生产的塑件的产品图。

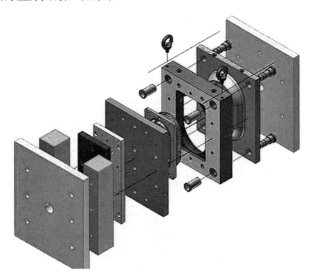

图 6-10 注射模拆分图

（3）对拆卸后的模具零件的要求如下。

必须清理干净拆卸后的模具零件后才能组装。

（4）注射模的装配原则如下。

① 顺序：把模具零件先装成组件，再将组件装配、总装、调整，使模具恢复原状。

② 根据模具的精度要求，保证各部分的配合要求。

③ 装配后，要求模具的导柱、导套之间能按配合要求滑动顺畅。

④ 模具做好防锈处理。

（5）绘制模具总装草图。

将模具零件拆卸下来后，进行测量，并绘制模具草图，在图上记录尺寸。

（6）绘制模具装配图时的注意事项如下。

画塑模装配图与冲裁模一样，要有足够的视图来说明模具结构。在一般情况下，要按照投影关系画出主视图和俯视图。

① 主视图画注射完毕保压时的工作位置，右视图画从主分型面看动模部分的视图。

② 有侧向抽芯机构时，侧向抽芯机构一般需要单独的视图来表达。

**【注意事项】**

（1）拆卸和装配模具时，应先仔细观察模具，务必搞清楚模具零部件的相互装配关系和紧固方法，并按钳工的基本操作方法进行，以免损坏模具零件。

（2）在拆装过程中，切忌损坏模具零件，对老师指出的不能拆卸的部位，不能强行拆卸。拆卸过程中对损坏不严重的零件应及时修复，对损坏严重的零件应及时更换。

（3）拆卸和装配模具完成后，要及时对模具进行保养。

**实训要求：**

（1）绘制出所拆装注射模的总装图一份，并有标题栏、明细表及配合公差。

（2）绘制出该模具的主要零件的零件图和标题栏。

（3）简述所拆装模具的工作原理、各主要零件的作用。

（4）简单说明典型塑模的拆卸和装配步骤、方法及注意事项。

注射模外部结构如图6-11所示，注射模的拆卸步骤实例如表6-2所示。

图 6-11 注射模外部结构

表 6-2 注射模的拆卸步骤实例

| 序 号 | 结 构 形 式 | 拆 装 说 明 |
|---|---|---|
| 1 |  | 用拆卸工具或压力机将上、下模分开，并将分开后的上、下模放到工作位置（小型模具可直接在模具拆装台用拆卸工具将上、下模分开；中、大型模具用压力机或起吊装置将上、下模分开，并用专用运载工具将上、下模放到工作台上） |

续表

| 序 号 | 结 构 形 式 | 拆 装 说 明 |
|---|---|---|
| 2 | 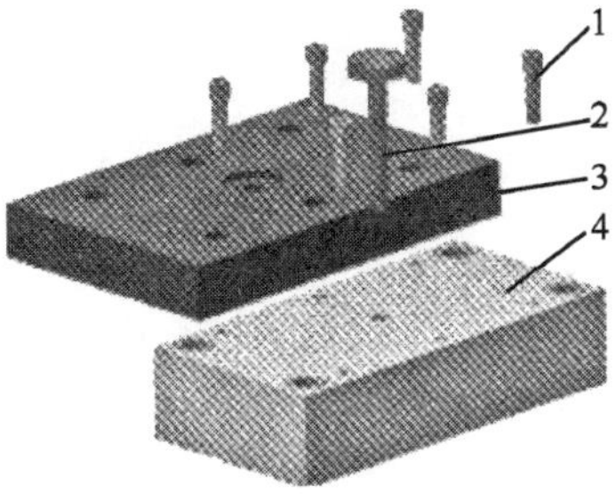 | 拆定模部分（拆开件1螺钉后，将件2浇口套、件3定模固定板、件4定模型板分开） |
| 3 | 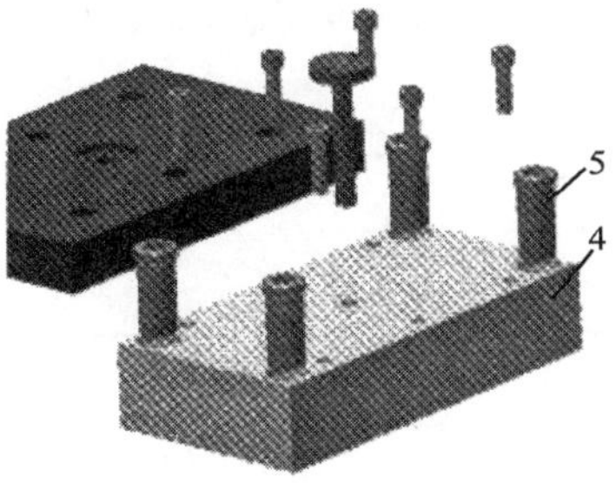 | 将件5导套从件4定模型板中拆开 |
| 4 | 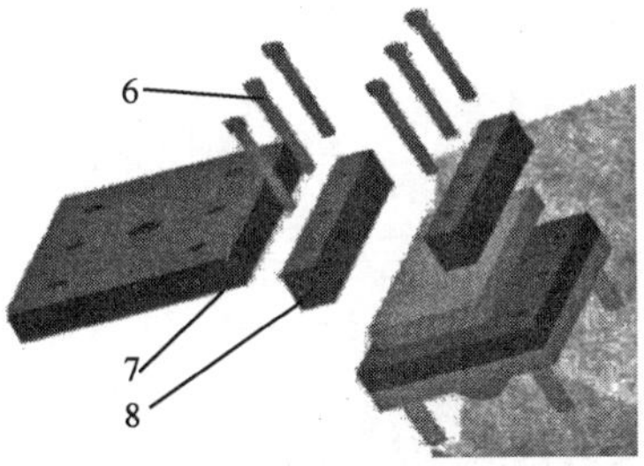 | 拆动模部分（拆开件6螺钉，将件7动模固定板、件8支撑板从动模部分分开） |
| 5 |  | 将件9顶杆垫板、件10顶杆固定板、件11复位杆组合部件从动模部分分开 |
| 6 | 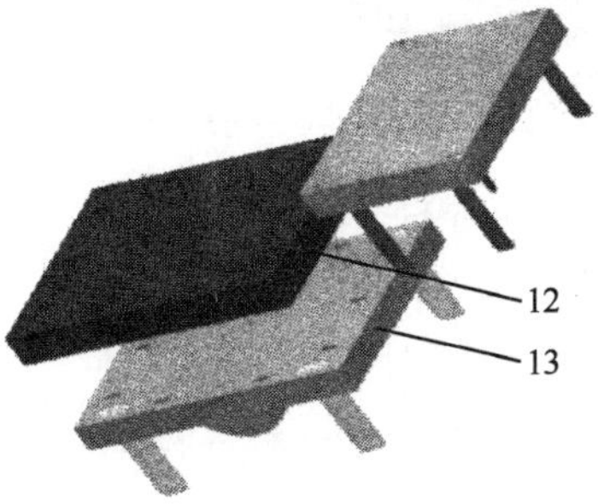 | 将件12垫板、件13动模型板分开 |

续表

| 序 号 | 结 构 形 式 | 拆 装 说 明 |
|---|---|---|

续表

| 序　号 | 结　构　形　式 | 拆　装　说　明 |
|---|---|---|
| 7 | | 将件 14 导柱从件 13 动模型板中分开 |
| 8 | | 拆开件 15 螺钉,将件 9 顶杆垫板、件 10 顶杆固定板、件 11 复位杆分开 |

温馨提示

　　注射模装配过程是拆卸过程的逆过程,原则上按此过程进行装配即可,注射模分解图如图 6-12 所示。有些模具的装配过程与拆卸过程是有一定区别的,这要根据实际情况来确定。

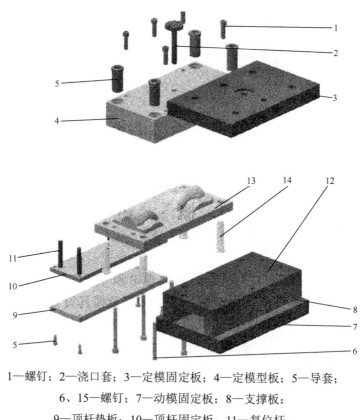

1—螺钉;2—浇口套;3—定模固定板;4—定模型板;5—导套;
6、15—螺钉;7—动模固定板;8—支撑板;
9—顶杆垫板;10—顶杆固定板;11—复位杆;
12—垫板;13—动模型板;14—导柱

图 6-12　注射模分解图

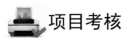# 项目考核

| 姓　　名 | 项目六　模具拆装与测绘 ||||||||| 总评成绩 ||
|---|---|---|---|---|---|---|---|---|---|---|
| | 项目总成绩评定表 ||||||||| | |
| | 小组互评（40%） |||| 教师评价（60%） |||| | | |
| 任　　务 | 零件加工成果组内评分（学生自评/互评）（10分） | 任务工作过程/团队意识（5分） | 项目责任心/品质控制（5分） | 任务展示/PPT展示（20分） | 劳动纪律与态度/安全文明生产（10分） | 规范操作（10分） | 制作工艺（10分） | 项目成果/评分表（30分） | 任务总分 | 项目总评 |
| | | | | | | | | | | |
| | | | | | | | | | | |
| | | | | | | | | | | |
| | | | | | | | | | | |
| | | | | | | | | | | |

# 项目七

## 微型冲裁模制作与装调

 **项目情景描述**

冲压成型作为现代工业中一种十分重要的加工方法，用以生产各种板料零件，具有很多独特的优势，其成型件具有生产率高、操作简单、容易实现机械化和自动化等特点，特别适用于批量或大批量生产。冲压后的零件表面光洁，尺寸精度稳定，互换性好，成本低廉，可得到其他加工方法难以加工或无法加工的复杂形状零件。冲压是一种其他加工方法不能相比和不可代替的先进制造技术，在制造业中具有很强的竞争力，被广泛用于汽车、能源、机械、信息、航空航天、国防业和日常生活的生产之中。工件用模具冲压成型如图 7-1 所示。

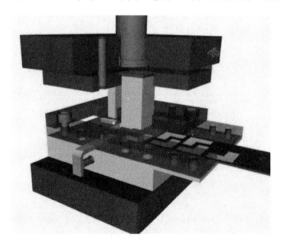

图 7-1　工件用模具冲压成型

 **教学目标**

（1）应了解冲裁模基本工序及分类。
（2）应懂得冲裁模的基本结构及常用材料的选用。
（3）能看懂简单冲裁模装配图。
（4）能利用钳加工方法完成微型冲裁模制作。
（5）能正确编制零件加工工艺。
（6）能根据图样正确对微型冲裁模进行装配及模具调试。

微型冲裁模制作课业练习

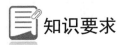

微型冲裁模制作与装调　项目七

## 知识要求

### 任务1　微型冲裁模制作

 **任务描述**

一幅完整的冲裁模一般有工作零件（凸模和凹模）；定位零件（定位板、定位销、挡料销、导正销、导料板、侧刃）；压料、卸料及顶出件零部件（卸料板、推件装置、顶件装置、压边圈）；导向零件（导柱、导套、导板、导筒）；支撑零件（上、下模座，模柄、凸、凹模固定板、垫板）；紧固及其他零件（螺钉、销钉、限位器、弹簧、橡胶垫）。因此，钳工手工制作完成一套冲裁模，需要分成小组，合作完成加工。

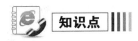 **知识点**

#### 1．冷冲压工艺的基本概念

冷冲压工艺是利用模具与冲压设备完成加工的过程。一般的冲压加工，一台冲压设备每分钟可生产的零件数目是几件到几十件，有时甚至可达每分钟数百件或千件。所以它的生产率非常高，且操作简便，便于实现机械化与自动化。冲压产品的尺寸精度是由模具决定的，质量稳定，一般不需要经机械加工即可使用。

冷冲压加工不需要加热，也不像切削加工那样在切除金属余量时要消耗大量的能量，所以它是一种节能的加工方法。而且，在冲压过程中，材料表面不受破坏。冷冲压加工是集表面质量好、重量轻、成本低等优点于一身的加工方法，在现代工业生产中得到广泛的应用。

#### 2．冲压工序分类

一个冲压件往往需要经过很多道冲压工序才能完成。由于冲压件的形状、尺寸精度、生产批量、原材料等的不同，其冲压工序也是多样的，但大致可分为分离工序和塑性成型工序两大类，如表7-1所示。

分离工序是使冲压件与板料沿一定的轮廓相互分离的工序，如切断、落料、冲孔等。

塑性成型工序是指材料在不破裂的条件下产生塑性变形的工序，从而获得一定形状、尺寸的零件，如弯曲、拉伸、成型、冷挤压等。

表7-1　常用冷冲压工序分类

| 工　序 | 图　例 | 特点及应用范围 |
|---|---|---|
| 落料 |  | 用模具沿封闭线冲切板料，冲下的部分为工件，其余部分为废料 |

147

续表

| 工　序 | | 图　例 | 特点及应用范围 |
|---|---|---|---|
| 冲孔 | | | 用模具沿封闭线冲板材，冲下的部分是废料 |
| 剪切 | | | 用剪刀或模具切断板材，切断线不封闭 |
| 切口 | | | 在胚料上将板材部分切开，切口部分发生弯曲 |
| 切边 | | | 将拉深或成型后的半成品边缘部分的多余材料切掉 |
| 剖切 | | | 将半成品切成两个或几个工件，常用于成双冲压 |
| 弯曲 | | | 用模具使材料弯曲成一定形状 |
| 卷圆 | | | 将板料端部卷圆 |
| 扭曲 | | | 将平板毛坯的一部分相对于另一部分扭转一个角度 |
| 拉深 | | | 用减小壁厚和增加工件高度的方法来改变空心件的尺寸，得到符合要求的底厚、壁薄的工件 |
| 变薄拉深 | | | 将板料或工件上有孔的边缘翻成竖立边缘 |
| 翻边 | 孔的翻边 | 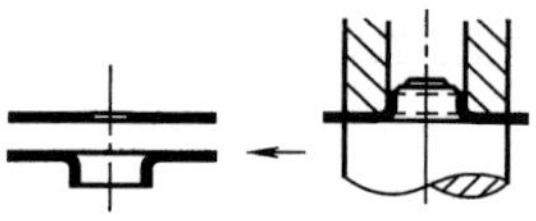 | 将板料或工件上有孔的边缘翻边成竖立边缘 |
| | 外缘的翻边 | | 将工件的外缘翻边成圆弧或曲线状的竖立边缘 |

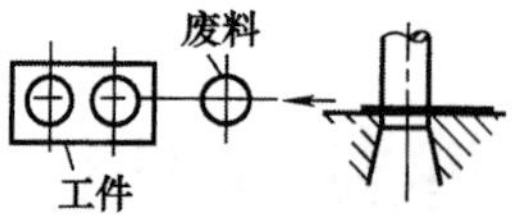

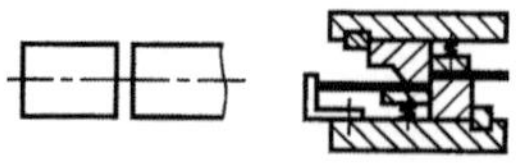

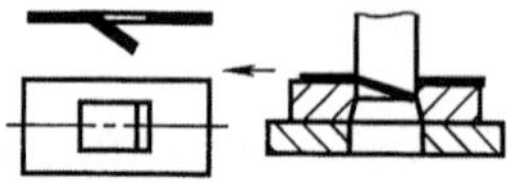

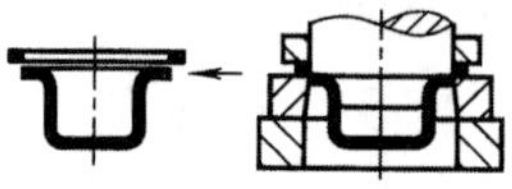

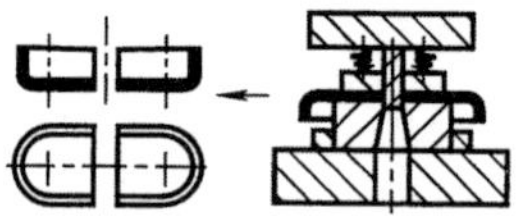

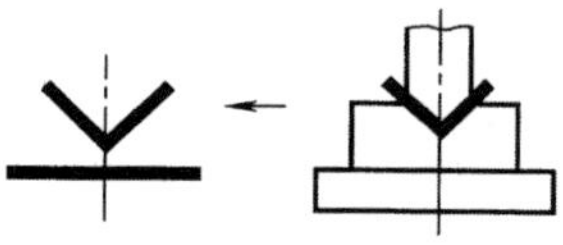

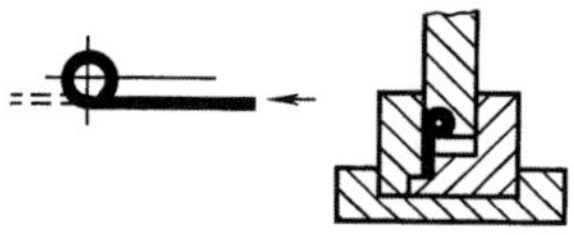

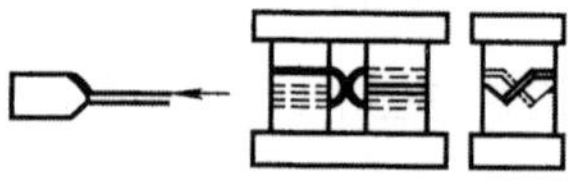

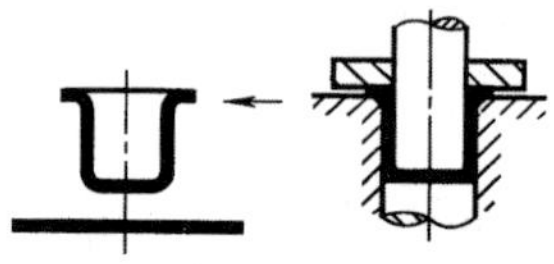

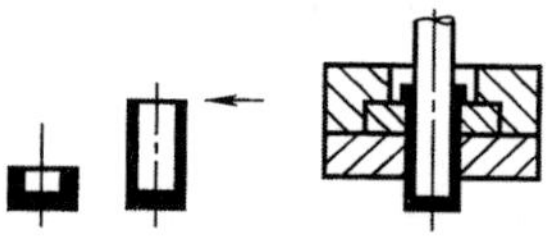

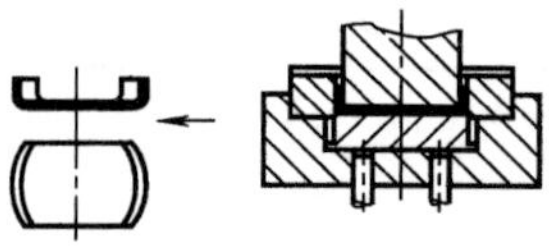

续表

| 工 序 | 图 例 | 特点及应用范围 |
|---|---|---|
| 缩口 | 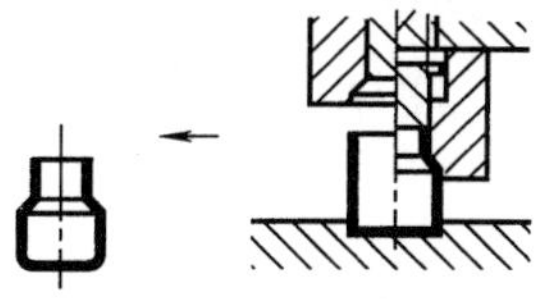 | 将空心件的口部缩小 |
| 扩口 | 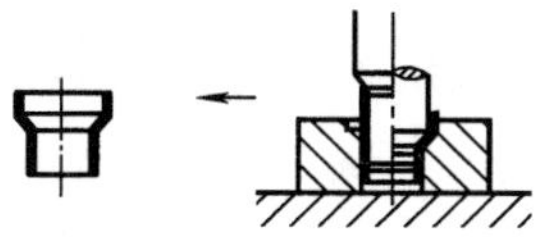 | 将空心件的口部扩大，常用于管子 |
| 起伏 | 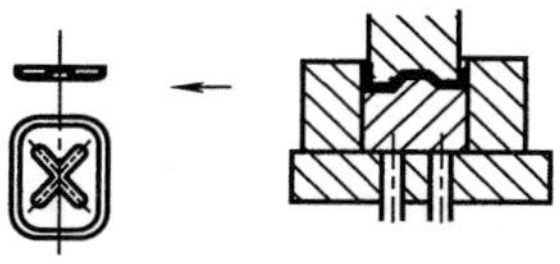 | 在板料或工件上压出肋条、花纹或文字，在起伏处的整个厚度上都有变薄 |
| 卷边 | 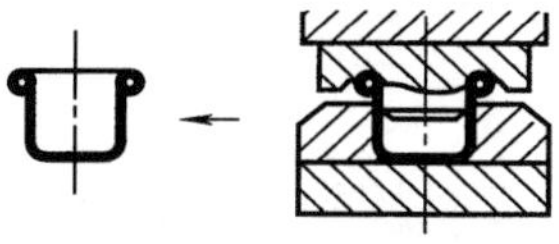 | 将空心件的边缘卷边为一定的形状 |
| 胀形 | 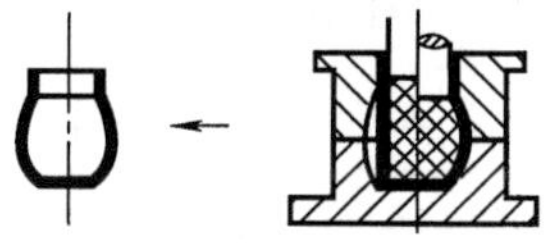 | 使空心件（或管料）的一部分沿径向扩张，呈凸肚形 |
| 旋压 | 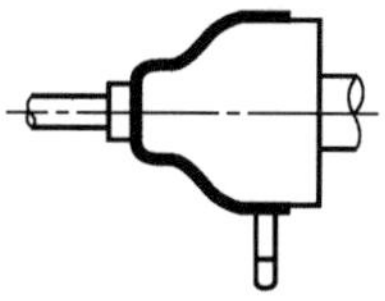 | 利用擀棒或滚轮将板料毛坯压成一定形状（分变薄与不变薄两种） |
| 整形 | 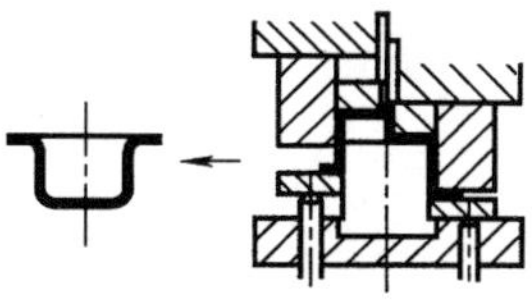 | 把形状不太准确的工件校正成型 |
| 校平 | 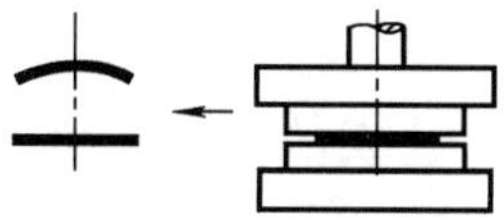 | 将毛坯或工件不平的面予以压平 |
| 压印 | 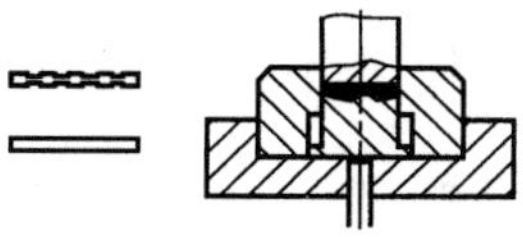 | 改变工件厚度，在工件表面压出文字或花纹 |

### 3. 冷冲压模具分类

每种冲压产品都有相对应的模具，而完成同一产品的模具结构形式多种多样。通常，按不同的特征，可将冲裁模分为如下几类。

**1）按所完成的冲压工序分类**

有冲裁模、拉深模、翻边模、胀形模、弯曲模等。习惯上把冲裁模当成所有分离工序的总称，包括落料模、冲孔模、切断模、切边模、半精冲裁模、精冲裁模及整修模等。

**2）按模具的导向形式分类**

（1）无导向简单落料模。无导向简单落料模的结构特点是结构简单、质量较小、尺寸较小、制造容易、成本低廉。模具依靠压力机导板导向，使用时安装调整麻烦，模具寿命低，工件精度差，操作也不安全。

（2）导板式简单落料模。导板式简单落料模的导向精度比无导向简单落料模高，安装调试比无导向简单落料模容易，操作安全。但其制造比较复杂，尤其是对形状复杂的零件，导板型孔需要按照凸模的形状来配作，制作难度较大。由于热处理会导致导板变形，所以导板常常不进行淬火处理，从而导致导板的使用寿命和导向精度一般。固定导板一般用于生产形状较简单、尺寸不大和中小批量的工件，其形状为圆形或方形。

（3）导柱式简单落料模。用导柱和导套导向比用导板可靠，导向精度高、使用寿命长、更换方便，因此在大量和成批生产中广泛采用导柱式简单落料模。

**3）按完成冲压工序的数量及组合程度分类**

（1）单工序模。在压力机的一次行程内，一副模具中只能完成一道冲压工序的模具。

（2）复合模。在压力机一次行程中，在一副模具中的同一位置上完成两道以上冲压工序的模具。复合模按凸凹模的安装位置可分为正装复合模和倒装复合模。

（3）级进模。在压力机一次行程中，在一副模具中的不同部位上完成前后两次冲裁中有连续数道冲压工序的模具。

**4）按卸料方式分类**

可分为刚性卸料板模具和弹性卸料板模具。

**5）按进料、出件及排除废料的方式分类**

可分为手动模、半自动模、全自动模。

**4．冷冲压模具结构**

**1）模具结构**

一般来说，冲裁模是由固定部分和活动部分组成的：固定部分用压板、螺栓紧固在压力机的工作台上；活动部分固定在压力机的滑块上。通常紧固部分为下模，活动部分为上模。上模随着滑块做上下往复运动，从而进行冲压工作。不同的冲压零件、不同的冲压工序所使用的模具也不一样，但模具的基本结构组成大致相同。以典型的导柱导套式冲裁模为例，如图7-2所示。

该模具上、下模座和导柱导套装配组成的部件称为模架。导柱7和导套6实现上下模精确导向定位。凸、凹模在进行冲裁之前，导柱已经进入导套，从而保证在冲裁过程中凸模和凹模之间的间隙均匀一致。

这种模具的结构特点如下：导柱与模座孔为h6/R6过盈配合；导套与上模座孔也为H7/r6过盈配合。其主要目的是防止工作时导柱从下模座孔中被拔出和导套从上模座中脱落下来。为了使导向准确、运动灵活，导柱与导套的配合采用H7/h6的间隙配合。冲裁模工作时，条料靠导料板 9 和挡料销实现准确定位，以保证冲裁时条料上的搭边值均匀一致。这副冲裁模采用了刚性卸料板 8 卸料，冲出的工件在凹模空洞中由凸模逐个顶出凹模直壁处，实现自然漏料。

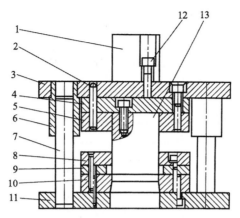

1—模柄；2—定位销；3—上模座；4—上垫板；5—凸模固定板；6—导套；7—导柱；8—刚性卸料板；
9—导料板；10—凹模；11—下模座；12—螺钉；13—凸模

图 7-2　导柱导套式冲裁模

由于导柱式冲裁模导向准确可靠，并能保证冲裁间隙均匀稳定，因此，冲裁件的精度比用导板模冲制的工件精度高，冲裁模使用寿命长，而且在冲床上安装使用方便。与导板冲裁模相比，其敞开性好，视野广，便于操作。卸料板不再起导向作用，单纯用来卸料。导柱式冲裁模目前使用较为广泛，适合大批量生产。

导柱式冲裁模的缺点：冲裁模外形轮廓尺寸较大，结构较为复杂，制造成本高。目前各工厂逐渐采用了标准模架，这样可以大大减少设计时间和制造周期。

**2）部件分类与功能**

任何一副冲裁模都是由各种不同的零件组成的，也可以由几十个甚至由上百个零件组成。但无论它们的复杂程度如何，冲裁模上的零件都可以根据其作用分为六种类型。

（1）工作零件：直接对坯料、板料进行冲压加工的冲裁模零件，如凸模、凹模。

（2）定位零件：确定条料或坯料在冲裁模中准确定位的零件，如挡料销、导料板。

（3）卸料及压料零件：将冲切后的零件或废料从模具中卸下来的零件，如固定卸料板。

（4）导向零件：用以确定上下模的相对位置，保证运动导向精度的零件，如导柱、导套及导板模中的导板。

（5）支撑零件：将凸模、凹模固定于上、下模上，以及将上、下模固定在压力机上的零件，如上模座、下模座、凸模固定板和模柄。

（6）连接零件：把模具上所有零件连接成一个整体的零件，如螺钉。

**3）冲裁模零部件分类**

（1）工作零件：凸模、凹模、凸凹模。

（2）定位零件：定位板、定位销、挡料销、导正销、导料板、侧刃。

（3）压料、卸料及顶出件零部件：卸料板、推件装置、顶件装置、压边圈。

（4）导向零件：导柱、导套、导板、导筒。

（5）支撑零件：上、下模座，模柄，凸、凹模固定板，垫板。

（6）紧固及其他零件：螺钉、销钉、限位器、弹簧、橡胶垫等。

> **温馨提示**
>
> 在试制或小批量生产时，为了缩短试制周期并降低成本，可以把冲裁模简化成只有工作零件、卸料零件和几个固定零件的简易模具；而在大批量生产时，为了确保工件品质和模具使用寿命，并提高劳动生产率，冲裁模上除了上述五类零件，还应附加自动送、出料装置。

**5．冲裁模常用材料**

**1）高速钢**

高速钢（见图 7-3）的主要型号有 W18Cr4V、W12Cr4V4Mo、W6Mo5Cr4V2、W9Mo3Cr4V3、W6Mo5Cr4V3、W6Mo5Cr4V5SiNbAl（B201）、W6Mo5Cr4V2、6W6Mo5Cr4V（6W6）等。其中，最常用的是 W18Cr4V 和含钨量较少的钼高速钢 W6Mo5Cr4V2、6W6Mo5Cr4V。它们具有高强度、高硬度、高耐磨性、高韧性等性能，是制造高精密、高耐磨的高级模具材料，但价格较贵，因此适用于小件的冲裁模或大型冲裁模的嵌镶部分。由于高速钢在高温状态下能保持高的硬度和耐磨性，所以高速钢又是制造温挤、热挤等模具的极好材料。其中，6W6Mo5Cr4V 具有更高的韧性，虽然耐磨性略差，但可用低温氮碳共渗来提高其表面硬度和耐磨性，主要用于制作易脆断或劈裂的冷挤压或冷镦凸模，可成倍提高使用寿命。

图 7-3　高速钢

**2）基体钢**

基体钢（见图 7-4）以高速钢成分为基体，具有高速钢正常淬火后的基本成分，含碳量一般在 0.5% 左右，合金元素含量为 10%～12%。这类钢不但具有高速钢的特点，而且其抗疲劳强度和韧性均优于高速钢，材料成本比高速钢低。基体钢有很高的抗压强度和耐磨性，在高温条件下使用时，其红硬性很好，耐磨性比高速钢和高铬合金钢差，多用于热处理中容易开裂的冲裁模，经淬火、回火、低温氮碳共渗处理后，用作冷挤压凸模比高速钢的使用寿命高。

图 7-4 基体钢

### 3）硬质合金和钢结硬质合金

硬质合金（见图 7-5）以硬度和熔点很高的碳化物粉末为主要成分（如碳化钨、碳化钛、碳化铬等）和金属黏结剂（如钴），用粉末冶金的方法制成。硬质合金的种类有钨钴类（YG）、钨钴钛类（YT）、通用合金类（YW）、碳化钛基类（YN）等。冲裁模常采用钨钴类硬质合金（YG）制作。

图 7-5 硬质合金

硬质合金与其他模具钢比较，具有更高的硬度和耐磨性，但抗弯强度和韧性差，所以，一般选用含钴量多、韧性大的牌号。对冲击大、工作压力大的模具，如冷挤压模可选用含钴量较高的 YG20、YG25 等型号；冲裁模常采用 YG15、YG20 型号；拉深模常采用 YG6、YG8、YG11 型号。用硬质合金是一般工具使用钢制模具寿命的 5～100 倍。

用硬质合金作为模具材料时，硬度和耐磨性比较理想，但韧性差，加工困难。而钢结硬质合金却可以取长补短。钢结硬质合金（见图 7-6）是一种新型的模具材料，以一种或几种碳化物（如碳化钛、碳化钨）为主要成分，以合金钢（如高速钢、铬钼钢）粉末为黏结剂，是经配料、混料、压制、烧结而成的粉末冶金材料，其性能介于钢与硬质合金之间。它既有高强度、韧性又可进行各种机械加工及热加工，并具有硬质合金的高硬度，经淬火、回火后可达 68～73HRC，具有高耐磨性。因此，其极适用于制造各种模具。但由于硬质合金和钢结硬质合金价格贵，且韧性差，因此宜用于以镶嵌件形式在模具中出现，以提高模具的使用寿命、节约材料、降低成本。常用的钢结硬质合金型号有 GT35、TLW50、TLMW50、GW50 和 DT 等。

图 7-6　钢结硬质合金

**4）调质预硬钢**

调质预硬钢（见图 7-7）是合金结构钢，属于热作模具钢种，由于这类钢有一定的淬透性，经过调质处理后即可用于冷作模具，因此近些年来许多冲裁模都用这类钢制造。这种材料便于切削加工，又简化了热处理工艺，降低了模具成本，并提高了制造精度，可用于制造小批量的成型模，拉深模的凸、凹模，各种模具的卸料板、凸模座、凸模衬套、凹模衬套、凸模板、凹模板及垫板等。常用的预硬钢型号有 35Cr、35CrMo、40Cr、42CrMo 等。

**5）火焰淬火钢**

为适应产品结构的不断变化，更新换代迅速，制造模具方便，研究开发了火焰淬火钢，如图 7-8 所示。火焰淬火是在刃口或需要硬度和耐磨性高的部位用乙炔火焰加热至淬火温度，在空气中冷却，即可达到火焰淬火的目的。由于火焰淬火温度区域宽，所以操作方便，变形小，整个凸模或凹模均可采用分段淬硬。

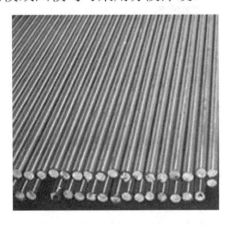

图 7-7　调质预硬钢

图 7-8　火焰淬火钢

由于火焰淬火钢制造模具，各机械加工工序均在火焰淬火之前完成，在材料处于低硬度时加工，故加工容易，且能保证精度。由于火焰淬火只淬刃口部分，基体硬度较低，如遇加工遗漏、设计更改、尺寸变动，都具有重新改制加工的余地。对于多孔位的冲裁模或复杂型腔的零部件，刃口表面火焰淬火，型腔和孔距变形小，因此简化了制造工艺，从而降低了成本。此外，这类钢还具有良好的焊接性能，对在使用中崩刃的模具可进行焊补。

火焰淬火钢可用于薄板冲孔模、切边模、拉深模及冷挤压模的型腔面。我国开发的火焰淬火新型模具钢有 7CrSiMnMoV（CH—1）、6CrNiMnSiMoV（GD）。与常用模具钢 9Mn2V、CrWMn、Cr12MoV 相比，CH—1 钢的韧性更高，是适用于火焰表面加热淬火的专用钢，表面加热后空冷淬火可获得 58HRC 以上的硬度和一定的淬透深度。但因其成分设计者首先考虑的是满足火焰淬火的目的，故其韧性和脱碳敏感性尚不够理想。GD 钢是高强韧低合金冷作模具钢，淬火加热温度低、区间宽，可采用油淬、风冷及火焰加热淬火，可用 GD 钢代替 CrWMnCr12、GCr15、9SiCr、9Mn2V、6CrW2Si 等材料制作各类易崩刃、易断裂模具，可不同程度地提高模具寿命。

**6）真空淬火钢**

真空淬火钢如图 7-9 所示。真空淬火的优点是被加工工件表面无氧化和脱碳现象，热处理变形极小，一般选用 Cr12MoV 钢及其他的基体钢进行真空淬火处理。高速工具钢不宜用真空淬火处理，淬火温度低的低合金钢，由于需经油冷淬硬，也不宜用真空淬火。火焰淬火钢 CH-1 和 GD 钢均可采用真空淬火处理，淬火温度为 880℃～920℃可得到 60HRC 以上的硬度。热处理后变形小，强度、硬度及耐磨性均好。

图 7-9 真空淬火钢

**7）高耐磨、高韧性钢**

高铬、高速钢的耐磨性高，但易脆断。为此研究了高耐磨、高韧性的冷作模具钢 GM 钢和 ER5 钢。GM 钢在强韧性好的基础上弥散分布细小、均匀的碳化物，使其具有极佳的二次碳化能力和磨损抗力。GM 钢的硬度指标远高于基体钢和高铬工具钢，十分接近高速钢，耐磨性好。在韧性和强度方面 GM 钢优于高速钢和高铬工具钢，耐磨性与强韧性得到了最佳配合。GM 钢作为一种新型耐磨钢在冷作模具材料领域替代了 C12 系列钢种，有广阔的应用前景，已在高速冲床多工位级进模、滚丝模、切边模上应用，是 65Nb、Cr12MoV 钢的使用寿命的 2～6 倍。ER5 钢在强度、韧性、耐磨性等方面均优于 Cr12 型钢，而且在锻造、热处理、机加工、电加工等方面无特殊要求，生产加工工艺简单可行、材料成本适中，适用于制作大型冲裁冷镦模、精密冲裁模及其他冷冲、冷成型模具。

### 8）热处理微变形钢

热处理微变形钢如图 7-10 所示。减小热处理变形，对于形状复杂、精密的模具十分重要。我国研制的 Cr2Mn2SiWMoV 钢，其热处理变形率低于 ±0.004%，比正常热处理变形率 ±0.1%～±0.2%低得多。生产实践中发现，在 100mm 的矩形凹模上，长和宽的尺寸变化为 ±0.01mm。

图 7-10 热处理微变形钢

**思考与练习**

（1）什么是冲压加工？
（2）冷冲压加工的基本工序有哪些？
（3）按导向方式，冲裁模可分为哪几类？
（4）按工序组合方式，冲裁模可以分为哪几类？
（5）复合模的分类有哪些？
（6）冲裁模主要由哪些零部件组成？
（7）单工序模有什么特点？

**知识扩展**

#### 确定排样的形式

在冲裁件成本中，材料费用一般占 60%以上，因此材料的经济利用是一个重要问题。

冲裁件在条料、带料或板料上的布置方法称为排样。排样是否合理直接影响到材料的合理利用、冲裁质量、生产率、模具结构与寿命、生产操作方式与安全等。

#### 1．材料利用率

材料利用率 $\eta$ 是指零件的实际面积 $A_0$ 与所用板料面积 $A$ 的比值，即

$$\eta = \frac{A_0}{A} \times 100\%$$

式中，$\eta$——材料利用率；

　　　　$A_0$——零件的实际面积；

　　　　$A$——所用板料面积，包括工件面积和废料面积。

材料利用率是衡量排样经济性的标准，提高材料利用率的途径是减少废料面积。废料分为两类（见图 7-11）：一类是因零件的形状特点产生的废料，称为结构废料，一般不能改变，但可利用大尺寸的结构废料冲制小尺寸的零件；另一类是由零件之间和零件与条料侧边之间的废料，以及料头、料尾所产生的废料，称为工艺废料。要提高材料利用率，主要应从减少工艺废料着手，即设计合理的排样方案，选择合适的板料规格及合理的裁料法（减少料头、料尾和边余料），利用废料冲制小零件。在不影响设计要求的情况下，改善零件结构，提高材料利用率。

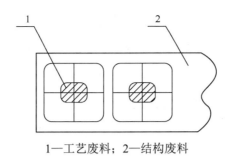

1—工艺废料；2—结构废料

图 7-11 废料的分类

### 2. 排样方法

（1）有废料排样：沿工件全部外形冲裁，工件周边都留有搭边。工件尺寸完全由冲裁模来保证，因此精度高，模具寿命长，但材料利用率低。

（2）少废料排样：沿工件部分外形切断或冲裁，仅局部有搭边和余料。

（3）无废料排样：沿直线或曲线切断条料而获得工件，无任何搭边。采用少、无废料排样，对节省材料具有重要意义，且有利于一次冲裁多个工件，提高生产率。同时，因其冲切周边减少，又可简化模具结构和降低冲裁力。但采用少、无废料排样也存在一些缺点，由于条料本身的公差及条料导向与定位所产生的误差，所以工件的质量和精度较低。另外，由于采用单边剪切，所以会影响断面质量及模具寿命。

此外，按冲裁件在条料上的布置方式，排样又可分为直排、斜排、对头直排、对头斜排、单行排列、多行排列等，如表 7-2 所示。

表 7-2 常用的排样类型

| 排样类型 | 排列简图 | | 排样类型 | 排列简图 | |
|---|---|---|---|---|---|
| | 有搭边 | 无搭边 | | 有搭边 | 无搭边 |
| 直排 | | | 斜排 | | |
| 单行排列 | | | 对头直排 | | |
| 多行排列 | | | 对头斜排 | | |

### 3. 搭边

搭边是排样中的工件之间以及工件与条料侧边之间留下的工艺废料，如图 7-11 所示的结构废料。

从节省材料的角度出发，搭边值越小越好，但搭边值过小，会因强度和刚度不够，而在冲裁过程中被拉断，有时还会被拉入模具间隙，使冲裁件产生毛刺，甚至损坏模具刃口，因此要合理确定搭边值。

搭边在冲裁工艺中还具有其他作用：其一，可以补偿定位误差和剪板误差，保证冲出合格的工件；其二，使条料有一定的刚度，便于送进，提高劳动生产率。

搭边值的大小与材料性能、工件的形状及尺寸、材料厚度、送料及挡料方式、卸料方式等有关。硬材料的搭边值可以小一些；软、脆材料的搭边值应大一些；厚材料的搭边值应大一些；用手工送料、有侧压装置的搭边值可以小一些；弹性卸料比刚性卸料的搭边值小一些；冲裁件尺寸大或是有尖突的复杂形状时，搭边值应大一些。

搭边值可由经验确定，常见搭边值的选用可查看冲压手册。

## 学习活动　微型冲裁模制作实训

### 【操作准备】

锉刀、A3 钢板、直角尺、毛刷、铜丝刷等。

微型冲裁模零件图如图 7-12 所示。

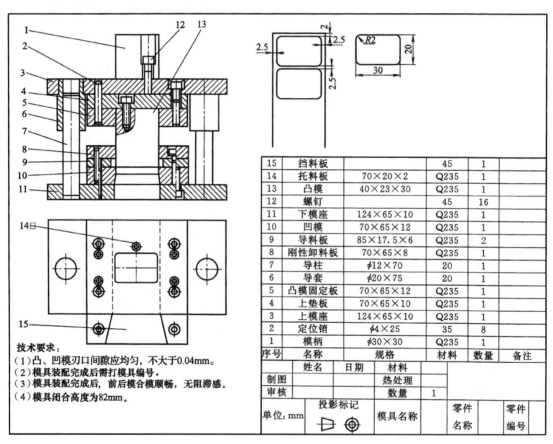

图 7-12　微型冲裁模零件图

### 1．凸模和凹模的制作

#### 1）凸模

凸模如图 7-13 所示，凸模加工工艺如表 7-3 所示。

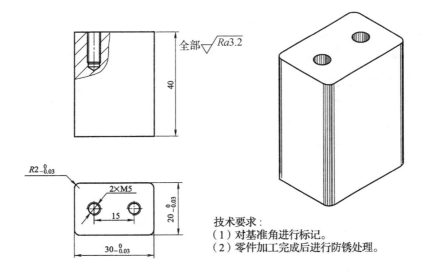

技术要求：
（1）对基准角进行标记。
（2）零件加工完成后进行防锈处理。

图 7-13　凸模

表 7-3　凸模加工工艺

| 序号 | 工序名称 | 设备 | 工具 | 量具 | 工序内容 | 备注 |
|---|---|---|---|---|---|---|
| 1 | 下料 | 钳台 | 锯弓、锯片 | 钢直尺 | 下料：35mm×21mm×42mm | |
| 2 | 磨削 | 磨床 | 内六角扳手 | 千分尺 | 磨削：用磨床加工凸模外形宽度尺寸20mm至公差值 | |
| 3 | 加工基准 | 钳台 | 锉刀 | 刀口角尺 | 锉削：加工两垂直边，保证垂直度、平面度误差小于0.02mm | |
| 4 | 划线 | 划线平台 | 垂直靠块 | 高度划线尺 | 划线：划出外形、螺纹孔的加工位置 | |
| 5 | 加工外形 | 钳台 | 锉刀、锯弓 | 游标卡尺、千分尺 | 锯削、锉削：手工加工凸模高度尺寸40mm、长度尺寸30mm至公差值 | |
| 6 | 加工圆弧 | 钳台 | 锉刀 | R规 | 锉削：加工4-R2mm圆弧至公差值 | |
| 7 | 加工螺纹底孔 | 钻床 | 钻头 | 游标卡尺 | 钻削：加工2-$\phi$4.3mm螺纹底孔，保证孔距、孔深尺寸 | |
| 8 | 加工螺纹孔 | 钳台 | 丝锥 | 刀口角尺 | 攻螺纹：加工2-M5螺纹，保证螺纹深度 | |

2）凹模

凹模如图 7-14 所示，凹模加工工艺如表 7-4 所示。

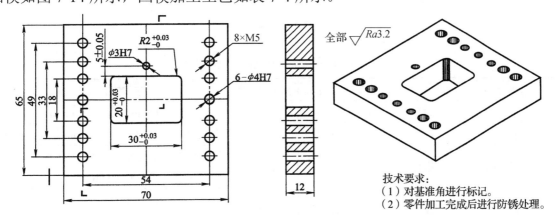

技术要求：
（1）对基准角进行标记。
（2）零件加工完成后进行防锈处理。

图 7-14　凹模

表 7-4　凹模加工工艺

| 序号 | 工序名称 | 设备 | 工具 | 量具 | 工序内容 | 备注 |
|---|---|---|---|---|---|---|
| 1 | 下料 | 钳台 | 锯弓、锯片 | 钢直尺 | 下料：75mm×70mm×12mm | |
| 2 | 磨削 | 磨床 | 内六角扳手 | 千分尺 | 磨削：加工厚度尺寸 12mm 至公差值 | |
| 3 | 加工基准面 | 钳台 | 锉刀 | 刀口角尺 | 锉削：加工两垂直边，保证垂直度、平面度误差小于 0.02mm | |
| 4 | 划线 | 划线平台 | 垂直靠块 | 高度划线尺 | 划线：划出外形、凹模型孔、螺纹孔、挡料销孔的加工位置 | |
| 5 | 加工外形 | 钳台 | 锉刀、锯弓 | 千分尺、游标卡尺 | 锯削、锉削：加工长度尺寸 70mm、宽度尺寸 65mm 至公差值 | |
| 6 | 加工凹模型孔 | 钳台 | 锉刀 | 千分尺、游标卡尺 | 钻锉削：钻排孔去除凹模型孔余料；锉削型孔、保证型孔尺寸至公差值 | |
| 7 | 加工螺纹底孔 | 钻床 | 钻头 | 游标卡尺 | 钻削：加工 8-φ4.3mm 螺纹底孔，保证孔距、孔深尺寸 | |
| 8 | 加工螺纹孔 | 钳台 | 丝锥 | 刀口角尺 | 攻螺纹：加工 8-M5 螺纹 | |
| 9 | 加工挡料销孔 | 钻床 | 钻头 | 游标卡尺 | 钻、铰削：钻削φ2.9mm 挡料销底孔，铰削φ3 挡料销孔 | |

**2．定位零件的制作**

**1）导料板**

导料板如图 7-15 所示，导料板加工工艺如表 7-5 所示。

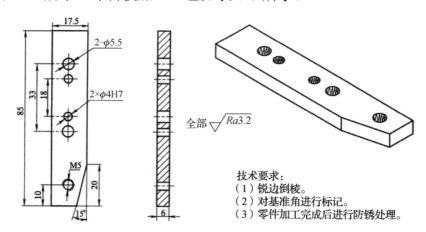

技术要求：
(1) 锐边倒棱。
(2) 对基准角进行标记。
(3) 零件加工完成后进行防锈处理。

图 7-15　导料板

表 7-5　导料板加工工艺

| 序号 | 工序名称 | 设备 | 工具 | 量具 | 工序内容 | 备注 |
|---|---|---|---|---|---|---|
| 1 | 下料 | 钳台 | 锯弓、锯片 | 钢直尺 | 下料：90mm×20mm×6mm | 2 件 |
| 2 | 磨削 | 磨床 | 内六角扳手 | 千分尺 | 磨削：加工厚度尺寸 6mm 至公差值 | |
| 3 | 加工基准面 | 钳台 | 锉刀 | 刀口角尺 | 锉削：加工两垂直边，保证垂直度、平面度误差小于 0.02mm | |
| 4 | 划线 | 划线平台 | 垂直靠块 | 高度划线尺 | 划线：划出外形、螺纹孔、螺钉过孔的加工位置 | |

续表

| 序号 | 工序名称 | 设备 | 工具 | 量具 | 工序内容 | 备注 |
|---|---|---|---|---|---|---|
| 5 | 加工外形 | 钳台 | 锉刀、锯弓 | 千分尺、游标卡尺 | 锯、锉削：加工长度尺寸85mm、宽度尺寸17.5mm至公差值 | |
| 6 | 加工15°倒角 | 钳台 | 锉刀 | 游标卡尺、万能角度尺 | 锯、锉削：加工15°倒角，保证角度尺寸20mm至公差值 | |
| 7 | 加工螺纹底孔 | 钻床 | 钻头 | 游标卡尺 | 钻削：加工$\phi$4.3mm螺纹底孔，保证孔距尺寸 | |
| 8 | 加工螺纹孔 | 钳台 | 丝锥 | 刀口角尺 | 攻螺纹：加工M5螺纹 | |
| 9 | 加工螺钉过孔 | 钻床 | 钻头 | 游标卡尺 | 钻削：钻削2-$\phi$5.5mm螺钉过孔，保证孔距尺寸 | |
| 10 | 倒角 | 钳台 | 锉刀 | | 锐边倒角 | |

**2）托料板**

托料板如图7-16所示，托料板加工工艺如表7-6所示。

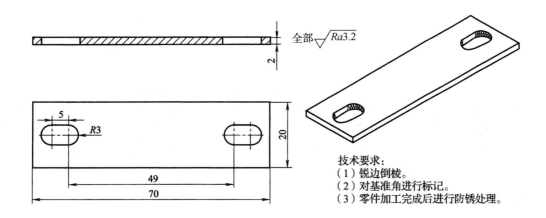

图7-16 托料板

表7-6 托料板加工工艺

| 序号 | 工序名称 | 设备 | 工具 | 量具 | 工序内容 | 备注 |
|---|---|---|---|---|---|---|
| 1 | 下料 | 钳台 | 锯弓、锯片 | 钢直尺 | 下料：75mm×25mm×2mm | |
| 2 | 磨削 | 磨床 | 内六角扳手 | 千分尺 | 磨削：加工厚度尺寸2mm至公差值 | |
| 3 | 加工基准面 | 钳台 | 锉刀 | 刀口角尺 | 锉削：加工两垂直边，保证垂直度、平面度误差小于0.02mm | |
| 4 | 划线 | 划线平台 | 垂直靠块 | 高度划线尺 | 划线：划出外形、腰形孔的加工位置 | |
| 5 | 加工外形 | 钳台 | 锉刀、锯弓 | 千分尺、游标卡尺 | 锯、锉削：加工长度尺寸70mm、宽度尺寸20mm至公差值 | |
| 6 | 钻削腰形孔 | 钻床 | 钻头 | 游标卡尺 | 钻削：钻削4-$\phi$6mm腰形孔 | |
| 7 | 锉削腰型孔 | 钳台 | 钻头 | 游标卡尺 | 锉削：加工两个腰形孔，保证孔距、槽宽尺寸 | |
| 8 | 倒角 | 钳台 | 锉刀 | | 锐边倒角 | |

### 3．刚性卸料板制作

刚性卸料板如图 7-17 所示，刚性卸料板加工工艺如表 7-7 所示。

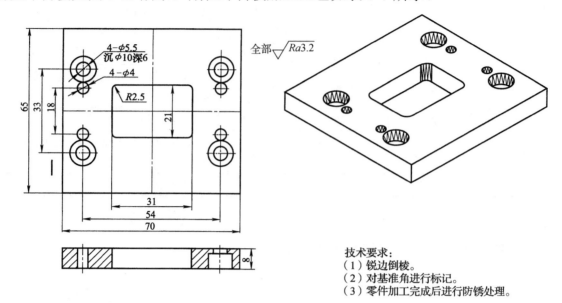

技术要求：
（1）锐边倒棱。
（2）对基准角进行标记。
（3）零件加工完成后进行防锈处理。

图 7-17　刚性卸料板

表 7-7　刚性卸料板加工工艺

| 序号 | 工序名称 | 设备 | 工具 | 量具 | 工序内容 | 备注 |
|---|---|---|---|---|---|---|
| 1 | 下料 | 钳台 | 锯弓、锯片 | 钢直尺 | 下料：75mm×70mm×8mm | |
| 2 | 磨削 | 磨床 | 内六角扳手 | 千分尺 | 磨削：加工厚度尺寸 8mm 至公差值 | |
| 3 | 加工基准面 | 钳台 | 锉刀 | 刀口角尺 | 锉削：加工两垂直边，保证垂直度、平面度误差小于 0.02mm | |
| 4 | 划线 | 划线平台 | 垂直靠块 | 高度划线尺 | 划线：划出外形、卸料型孔、沉头孔的加工位置 | |
| 5 | 加工外形 | 钳台 | 锉刀、锯弓 | 千分尺、游标卡尺 | 锯削、锉削：加工长度尺寸 70mm、宽度尺寸 65mm 至公差值 | |
| 6 | 加工卸料型孔 | 钳台 | 锉刀 | 千分尺、游标卡尺 | 钻锉削：钻排孔去除卸料型孔余料；锉削型孔、保证型孔尺寸至公差值 | |
| 7 | 加工沉头孔 | 钻床 | 钻头 | 游标卡尺 | 钻削：加工 4-φ5.5mm 通孔，用 φ10mm 锪孔钻锪深度为 6mm 的沉头孔，保证孔距、沉头孔深尺寸 | |
| 8 | 倒角 | 钳台 | 锉刀 | | 锐边倒角 | |

### 4．支撑零件制作

**1）上模座**

上模座如图 7-18 所示，上模座加工工艺如表 7-8 所示。

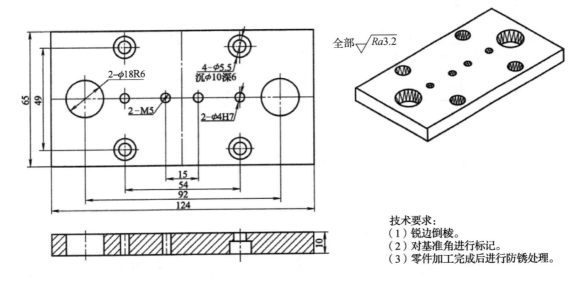

图 7-18 上模座

表 7-8 上模座加工工艺

| 序号 | 工序名称 | 设备 | 工具 | 量具 | 工序内容 | 备注 |
|---|---|---|---|---|---|---|
| 1 | 下料 | 钳台 | 锯弓、锯片 | 钢直尺 | 下料：130mm×70mm×10mm | |
| 2 | 磨削 | 磨床 | 内六角扳手 | 千分尺 | 磨削：加工厚度尺寸10mm至公差值 | |
| 3 | 加工基准面 | 钳台 | 锉刀 | 刀口角尺 | 锉削：加工两垂直边，保证垂直度、平面度误差小于0.02mm | |
| 4 | 划线 | 划线平台 | 垂直靠块 | 高度划线尺 | 划线：划出外形、导套孔、沉头孔、螺纹孔的加工位置 | |
| 5 | 加工外形 | 钳台 | 锉刀、锯弓 | 千分尺、游标卡尺 | 锯、锉削：加工长度尺寸124mm、宽度尺寸65mm至公差值 | |
| 6 | 加工导套孔（与下模座导柱孔配钻） | 钻床 | 钻头、铰刀 | 游标卡尺 | 钻削：与下模座导柱孔配钻2-φ11.8mm导套底孔，再单独扩孔2-φ17.8mm铰削2-φ18mm导套孔 | |
| 7 | 加工沉头孔 | 钻床 | 钻头 | 游标卡尺 | 钻削：加工4-φ5.5mm通孔，用φ10mm锪孔钻锪深度为6mm的沉头孔，保证孔距、沉头孔深尺寸 | |
| 8 | 加工螺纹底孔 | 钻床 | 钻头 | 游标卡尺 | 钻削：2-φ4.3mm螺纹底孔，保证孔距尺寸 | |
| 9 | 加工螺纹孔 | 钳台 | 丝锥 | 刀口角尺 | 攻螺纹：加工2-M5螺纹 | |
| 10 | 倒角 | 钳台 | 锉刀 | | 锐边倒角 | |

**2）下模座**

下模座如图 7-19 所示，下模座加工工艺如表 7-9 所示。

**3）上垫板**

上垫板如图 7-20 所示，上垫板加工工艺如表 7-10 所示。

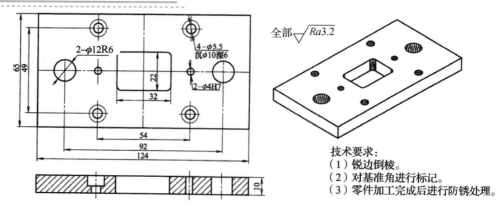

技术要求：
（1）锐边倒棱。
（2）对基准角进行标记。
（3）零件加工完成后进行防锈处理。

图 7-19 下模座

表 7-9 下模座加工工艺

| 序号 | 工序名称 | 设备 | 工具 | 量具 | 工序内容 | 备注 |
|---|---|---|---|---|---|---|
| 1 | 下料 | 钳台 | 锯弓、锯片 | 钢直尺 | 下料：130mm×70mm×10mm | |
| 2 | 磨削 | 磨床 | 内六角扳手 | 千分尺 | 磨削：加工厚度尺寸10mm至公差值 | |
| 3 | 加工基准面 | 钳台 | 锉刀 | 刀口角尺 | 锉削：加工两垂直边，保证垂直度、平面度误差小于0.02mm | |
| 4 | 划线 | 划线平台 | 垂直靠块 | 高度划线尺 | 划线：划出外形、导柱孔、沉头孔、漏料型孔的加工位置 | |
| 5 | 加工外形 | 钳台 | 锉刀、锯弓 | 千分尺、游标卡尺 | 锯、锉削：加工长度尺寸124mm、宽度尺寸65mm至公差值 | |
| 6 | 加工漏料型孔 | 钳台 | 锉刀 | 千分尺、游标卡尺 | 钻削、锉削：钻排孔去除漏料型孔余料；锉削型孔，保证型孔尺寸至公差值 | |
| 7 | 加工导柱孔（与上模座导套孔配钻） | 钻床 | 钻头、铰刀 | 游标卡尺 | 钻削：与上模座导柱孔配钻2-φ11.8mm导套底孔，铰削2-φ12mm导套孔 | |
| 8 | 加工沉头孔 | 钻床 | 钻头 | 游标卡尺 | 钻削：加工4-φ5.5mm通孔，用φ10mm锪孔钻锪深度为6mm的沉头孔，保证孔距、沉头孔深尺寸 | |
| 9 | 倒角 | 钳台 | 锉刀 | | 锐边倒角 | |

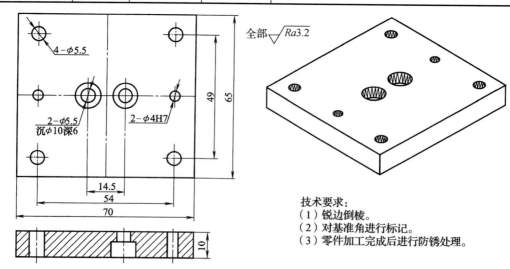

技术要求：
（1）锐边倒棱。
（2）对基准角进行标记。
（3）零件加工完成后进行防锈处理。

图 7-20 上垫板

表 7-10 上垫板加工工艺

| 序号 | 工序名称 | 设备 | 工具 | 量具 | 工序内容 | 备注 |
|---|---|---|---|---|---|---|
| 1 | 下料 | 钳台 | 锯弓、锯片 | 钢直尺 | 下料：75mm×70mm×10mm | |
| 2 | 磨削 | 磨床 | 内六角扳手 | 千分尺 | 磨削：加工厚度尺寸 10mm 至公差值 | |
| 3 | 加工基准面 | 钳台 | 锉刀 | 刀口角尺 | 锉削：加工两垂直边，保证垂直度、平面度误差小于 0.02mm | |
| 4 | 划线 | 划线平台 | 垂直靠块 | 高度划线尺 | 划线：划出外形、沉头孔、螺钉过孔的加工位置 | |
| 5 | 加工外形 | 钳台 | 锉刀、锯弓 | 千分尺、游标卡尺 | 锯、锉削：加工长度尺寸 70mm、宽度尺寸 65mm 至公差值 | |
| 6 | 加工沉头孔 | 钻床 | 钻头 | 游标卡尺 | 钻削：加工 2-$\phi$5.5mm 通孔，用 $\phi$10mm 锪孔钻锪深度为 6mm 的沉头孔，保证孔距、沉头孔深尺寸 | |
| 7 | 加工螺钉过孔 | 钻床 | 钻头 | 游标卡尺 | 钻削：钻削 2-$\phi$5.5mm 螺钉过孔，保证孔距尺寸 | |
| 8 | 倒角 | 钳台 | 锉刀 | | 锐边倒角 | |

**4）凸模固定板**

凸模固定板如图 7-21 所示，凸模固定板加工工艺如表 7-11 所示。

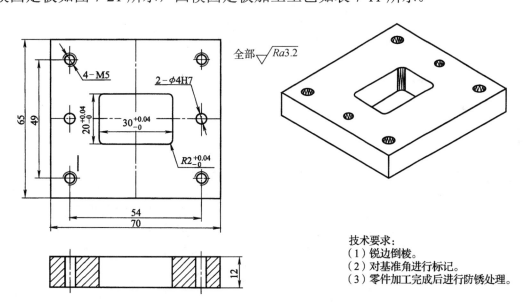

图 7-21 凸模固定板

表 7-11 凸模固定板加工工艺

| 序号 | 工序名称 | 设备 | 工具 | 量具 | 工序内容 | 备注 |
|---|---|---|---|---|---|---|
| 1 | 下料 | 钳台 | 锯弓、锯片 | 钢直尺 | 下料：75mm×70mm×12mm | |
| 2 | 磨削 | 磨床 | 内六角扳手 | 千分尺 | 磨削：加工厚度尺寸 12mm 至公差值 | |
| 3 | 加工基准面 | 钳台 | 锉刀 | 刀口角尺 | 锉削：加工两垂直边，保证垂直度、平面度误差小于 0.02mm | |
| 4 | 划线 | 划线平台 | 垂直靠块 | 高度划线尺 | 划线：划出外形、凹模型孔、螺纹孔、挡料销孔的加工位置 | |

续表

| 序号 | 工序名称 | 设备 | 工具 | 量具 | 工序内容 | 备注 |
|---|---|---|---|---|---|---|
| 5 | 加工外形 | 钳台 | 锉刀、锯弓 | 千分尺、游标卡尺 | 锯削、锉削：加工长度尺寸70mm、宽度尺寸65mm至公差值 | |
| 6 | 加工固定凸模型孔 | 钳台 | 锉刀 | 千分尺、游标卡尺 | 钻锉削：钻排孔去除固定凸模型孔余料；锉削型孔，保证型孔尺寸至公差值 | |
| 7 | 加工螺纹底孔 | 钻床 | 钻头 | 游标卡尺 | 钻削：加工4-φ4.3mm螺纹底孔，保证孔距、孔深尺寸 | |
| 8 | 加工螺纹孔 | 钳台 | 丝锥 | 刀口角尺 | 攻螺纹：加工4-M5螺纹 | |
| 9 | 倒角 | 钳台 | 锉刀 | | 锐边倒角 | |

### 5．导向零件制作

导柱、导套如图7-22所示，导柱加工工艺如表7-12所示，导套加工工艺如表7-13所示。

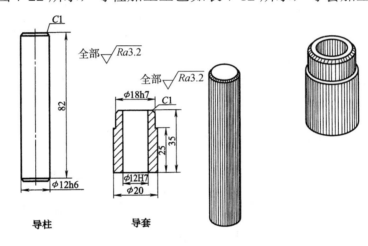

图7-22　导柱、导套

表7-12　导柱加工工艺

| 序号 | 工序名称 | 设备 | 工具 | 量具 | 工序内容 | 备注 |
|---|---|---|---|---|---|---|
| 1 | 下料 | 钳台 | 锯弓、锯片 | 钢直尺 | 下料：φ15mm×100mm | |
| 2 | 车削 | 车床 | 90°车刀 | 千分尺 | 车削：粗车削、精车削直径φ12mm导柱尺寸，保证尺寸至公差值，倒角C1 | |
| 3 | 车削 | 车床 | 切断刀 | 游标卡尺 | 车削：切断，保证长度尺寸82mm至公差值 | |

表7-13　导套加工工艺

| 序号 | 工序名称 | 设备 | 工具 | 量具 | 工序内容 | 备注 |
|---|---|---|---|---|---|---|
| 1 | 下料 | 钳台 | 锯弓、锯片 | 钢直尺 | 下料：φ25mm×50mm | |
| 2 | 车削 | 车床 | 90°车刀 | 千分尺 | 车削：粗车削、精车削φ20mm和φ18mm台阶轴至公差值，倒角C1 | |
| 3 | 车削 | 车床 | 中心钻、钻夹头等 | 千分尺 | 钻孔：中心站定点，钻削φ11.8mm底孔，铰削φ12mm孔至公差值 | |
| 4 | 车削 | 车床 | 切断刀 | 游标卡尺 | 车削：切断，保证长度尺寸35mm至公差值 | |

### 想一想

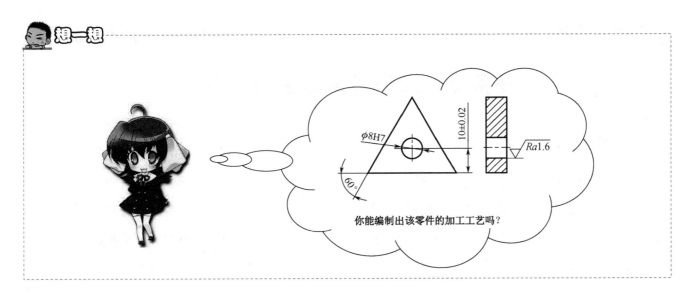

你能编制出该零件的加工工艺吗?

### 温馨提示

在制定工艺规程的过程中,往往要对前面已初步确定的内容进行调整,以提高经济效益。在执行工艺规程的过程中,可能会出现前所未料的情况,如生产条件的变化,新技术、新工艺的引进,新材料、先进设备的应用等,都要求及时对工艺规程进行修订和完善。

**【操作步骤】**

(1) 分组,以三人为一小组,完成微型冲裁模零件的加工。

(2) 以小组为单位,讨论微型冲裁模零件的加工工艺。

(3) 编制微型冲裁模零件加工工艺。

(4) 分工,填写模具进度表。

(5) 下料,检查下料毛坯尺寸是否合格。

(6) 根据图样、加工工艺完成微型冲裁模零件的制作。

(7) 检查各零件精度。

**【注意事项】**

(1) 制作时应注意各零件的基准统一。

(2) 制作工艺零件时,刃口不允许倒角。

(3) 对各零件基准边进行标记。

(4) 钻孔时必须带上眼镜操作。

(5) 量具应进行校正后再使用。

(6) 工作时工具和量具应摆放整齐。

(7) 在加工过程中,小组成员应经常讨论,了解模具制作的进度及需要配钻、配作的位置,再进行相应的操作。

## 任务 2　微型冲裁模装配与调试

**任务描述**

完成冲裁模装配一般要完成工作零件、定位零件、压料/卸料及顶出件零部件、导向零件、支撑零件、紧固及其他零件的装配。在装配之前，要仔细研究设计图样，按照模具的结构及技术要求确定合理的装配顺序及装配方法，选择合理的检测方法及测量工具等来进行装配。装配完成后，还应对模具进行产品试验，合格后才算真正完成装配。

**知识点**

本任务主要以单落料模为例，介绍微型冲裁模的装配要点。

### 1．冲压模装配技术要求

装配微型冲裁模后，应符合以下装配结构及技术要求。

**1）模具外观**

（1）铸造表面应清理干净，使其光滑并涂以绿色、蓝色或灰色油漆，使其美观。

（2）模具加工表面应平整、无锈斑、锤痕、碰伤、焊补等，并将除刃口、型孔外的锐边、尖角倒钝。

（3）模具的正面模板，应按规定打刻编号。

**2）工作零件**

（1）凸模、凹模与固定板安装基面装配后，在 100mm 长度上垂直度允许误差应小于 0.04mm。

（2）凸模、凹模与固定板装配后，其安装尾部与固定板安装面必须修平。

**3）紧固零件**

（1）螺钉装配后，必须拧紧，不许有任何松动。与钢件连接时螺纹旋入长度不小于螺纹直径。

（2）定位圆柱销与销孔的配合松紧适当。圆柱销与每个零件的配合长度应大于 1.5 倍直径。

（3）导向零件：导柱压入模座后的垂直度在 100mm 长度内的允许误差小于 0.015mm。

**4）凸、凹模间隙**

冲裁模凸、凹模的配合间隙必须均匀，其误差不大于规定间隙的 20%，局部尖角或转角处不大于规定间隙的 30%。

**5）模具闭合高度**

当模具闭合高度小于 200mm 时，允许误差为 1～3mm。

**6）卸料件**

卸料件动作要灵活，无阻滞现象。

**7）平行度要求**

装配后上模板上平面与下模板下平面的平行度在 300mm 长度内的允许误差为 0.06mm。

**8）模柄装配**

模柄与上模板垂直度在 100mm 长度内的允许误差不大于 0.05mm。

## 2. 装配工艺过程

### 1）工作准备

（1）分析阅读装配图和工艺过程。通过阅读装配图了解模具的功能、原理关系、结构特征及各零件间的连接关系，通过阅读工艺规程了解模具装配工艺过程中的操作方法及验收等内容，从而清晰地知道该模具的装配顺序、装配方法、装配基准、装配精度，为顺利装配模具构思出一个切实可行的装配方案。

（2）清点零件、标准件及辅助材料。按照装配图上的零件明细表，首先列出加工零件清单，领出相应的零件进行清洗整理，特别是对凸、凹模等重要零件进行仔细检查，以防出现裂纹等缺陷影响装配；其次列出标准件清单，准备好橡胶、铜片等辅助材料。

（3）布置装配场地。装配场地是安全文明生产不可缺少的条件，所以要将划线平台和钻床等设备清理干净。还要将所需的工具、量具、刀具及夹具等工艺装备准备好，待用。

### 2）装配工作

由于模具属于单件小批量生产，所以在装配过程中通常集中在一个地点装配。按装配模具的结构内容可分为组件装配和总装配。

（1）组件装配。组件装配是把两个或两个以上的零件按照装配要求使之连成一个组件的局部装配工作，如冲裁模中的凸模与固定板的组装等。

这是根据模具结构复杂程度和精度要求进行的，使模具装配精度得到保证，能够减小模具装配时的累积误差。

（2）总体装配。总体装配是把零件和组件通过连接或固定组成模具整体的装配工作。

这是根据装配工艺规程安排的，按照装配的顺序和方法进行、保证装配精度、达到规定的各项技术指标。

### 3）检验

检验工作是一项不可缺少的工作，它贯穿整个工艺过程。在单个零件加工之后、组件装配之后及总装配完工之后，都要按照工艺规程的相应技术要求进行检验，其目的是控制和减小每个环节的误差，最终保证模具整体装配的精度要求。

模具装配完工后经过检验、认定，在质量上没有问题后，就可以安排试模发现是否存在设计与加工等技术上的问题，并随之进行相应的调整或修配，直到使制件产品达到质量标准，模具才算合格。

### 3．冲裁间隙控制

（1）测量法：测量法是将凸模和凹模分别用螺钉固定在上下模柄的适当位置，将凸模插入凹模（通过导向装置），用塞尺检查凸、凹模之间的间隙是否均匀，根据测量结构进行校正，直至间隙均匀，再拧紧螺钉并配作。

（2）透光法：透光法是凭肉眼观察，根据透过光线的强弱来判断间隙的大小和均匀性，如图 7-23 所示。有经验的操作者凭透光法来调整间隙即可达到较高的均匀程度。

（3）试切法：当凸、凹模之间间隙小于 0.1mm 时，可将其装配后试切纸。根据切下制件四周毛刺的分布情况来判断间隙的均匀程度，并进行适当的调整。

（4）垫片法（见图 7-24）：在凹模刃口四周的适当地方安放垫片，垫片厚度等于单边间隙值，然后将上模座的导套慢慢套进导柱，观察凸模及凹模是否顺利进入凹模与垫片接触，用敲击固定板方法调整间隙，直到其均匀为止，并将上模座螺钉拧紧，如图 7-25 所示。

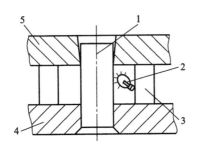

1—凸模；2—光源；3—垫铁；4—固定板；5—凹模

图 7-23　透光法调整间隙

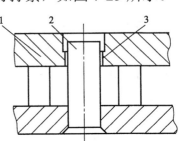

1—凹模；2—凸模；3—垫片

图 7-24　垫片法调整间隙

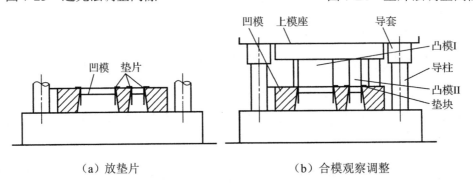

（a）放垫片　　（b）合模观察调整

图 7-25　放垫片和合模观察调整

（5）镀铜法：在凸模的工作段镀上厚度为单边间隙值的铜层来代替垫片。由于镀层均匀，所以可以提高装配间隙的均匀性。镀层本身会在冲裁模使用中自行剥落，因此无须安排去除工序。

（6）涂层法：与镀铜法相似，仅在凸模工作段涂以厚度为单边间隙值的涂料来代替镀层。

（7）酸蚀法：将凸模的尺寸做成与凹模型孔尺寸相同，待装配好后，再将凸模工作部分用酸腐蚀以达到间隙要求。

## 技能要求

### 学习活动　微型冲裁模装配与调试实训

【操作准备】

锉刀、内六角扳手、直角尺、毛刷、铜棒等。

【操作步骤】

（1）将导套压入上模座，如图 7-26 所示。

① 装配时应注意导套孔轴线与上模座上表面的垂直度（可用刀口角尺辅助测量）。

② 装配后导套上表面应低于上模座上表面 0.5～1mm。

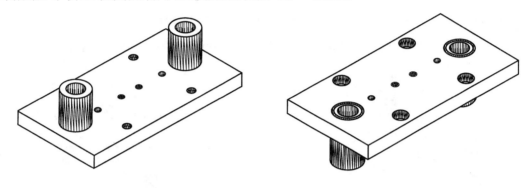

图 7-26　将导套压入上模座

（2）将凸模装入凸模固定板，如图 7-27 所示。用螺钉将凸模固定在上垫板上，同时，将凸模固定在上模座上，如图 7-28 所示。

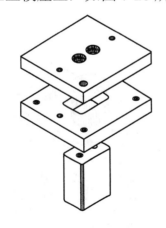

图 7-27　将凸模装入凸模固定板

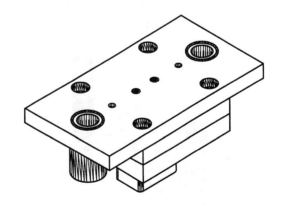

图 7-28　将凸模固定在上模座上

① 装配凸模时，将毛刺清理干净，凸模固定板应能很好地固定凸模，不能存在晃动现象。同时，凸模上表面应与上垫板下表面充分接触。

② 上垫板、凸模固定板、凸模固定在上模座上，应检测凸模与上模座上表面的垂直度（可在钻床上利用百分表辅助检测）。

（3）将模柄固定在上模座上，如图 7-29 所示。

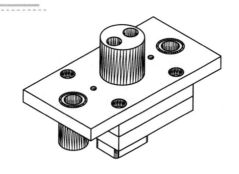

图 7-29　将模柄固定在上模座上

将模柄固定在上模座上表面时,模柄外表面应与上模座上表面垂直(可用刀口角尺辅助检测),并且应固定模柄,使其不能转动。

(4) 将导柱压入下模座,如图 7-30 和图 7-31 所示。

① 装配时应注意导柱轴线与下模座下表面的垂直度(可用刀口角尺辅助测量)。

② 装配后导柱下表面应低于下模座下表面 0.5~1mm,如图 7-31 所示。

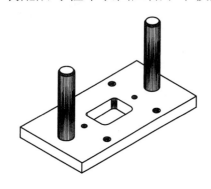
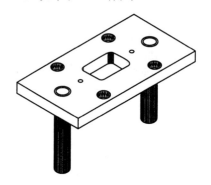

图 7-30　将导柱压入下模座　　　　　图 7-31　装配后的下模座

(5) 将凹模固定在下模座上,如图 7-32 所示。

(6) 上下模装配,调整间隙,如图 7-33 所示。

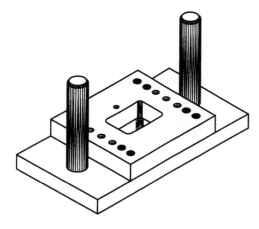
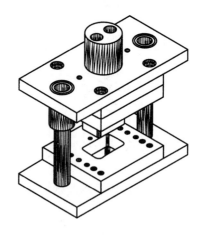

图 7-32　将凹模固定在下模座上　　　　图 7-33　合模调整间隙

① 上下模装配,导柱导套活动应顺畅无阻滞。

② 利用垫片法调整间隙,保证凸凹模刃口间的间隙值,且间隙均匀。

③ 分别在上下模钻上销钉孔,并打上定位销。

(7) 装配导料板、托料板、挡料销、刚性卸料板，如图 7-34 所示。

① 将挡料销装在凹模上，检测挡料销至凹模刃口的尺寸。

② 装上导料板，盖上刚性卸料板，调整导料板的位置及刚性卸料板的位置。

③ 钻销钉孔，打上定位销。

④ 装上托料板。

(8) 将上模和下模闭合，如图 7-35 所示。

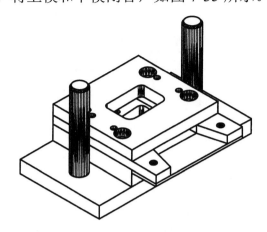

图 7-34　装配导料板、托料板、挡料销、刚性卸料板

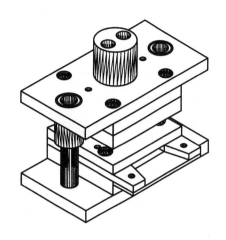

图 7-35　闭合上模和下模

(9) 试模（准备薄铝片或铜片进行试模操作）。

冲裁模常见故障及排除方法如表 7-14 所示。

表 7-14　冲裁模常见故障及排除方法

| 故障现象 | 原因分析 | 排除方法 |
| --- | --- | --- |
| 卸料困难，卸不下制件 | (1) 卸料板与凹模配合较紧或卸料板装配后倾斜。<br>(2) 卸料弹力不够。<br>(3) 卸料孔不通畅，废料卡在排料孔内。<br>(4) 凹模有倒锥度，不利于卸料 | (1) 重新安装卸料装置，保证其正常工作。<br>(2) 更换弹性组件，保证弹力满足需要。<br>(3) 将顶出口顶出部分加长。<br>(4) 修整凹模，使之满足卸料要求 |
| 凹模被胀裂 | (1) 凹模孔口上大、下小，有倒模现象。<br>(2) 冲裁间隙过小，凹模本身强度不够 | (1) 修整凹模孔口，消除倒模现象。<br>(2) 更换强度足够的凹模 |
| 凸、凹模的刃口相碰 | (1) 上模座、下模座、固定板、凹模、垫板等零件安装面不平行。<br>(2) 凸模、凹模错位。<br>(3) 凸模、导柱等零件不垂直。<br>(4) 导柱与导套配合间隙过大使导向不准。<br>(5) 卸料板孔位不正确或歪斜，使冲孔凸模歪斜 | (1) 修整有关零件，重装上模或下模。<br>(2) 重新安装凸模、凹模，使之对正。<br>(3) 重装凸模或导柱。<br>(4) 更换导柱或导套。<br>(5) 修理或更换卸料板 |
| 落料外形和冲孔位置不正，成偏位现象 | (1) 定位钉位置不正。<br>(2) 落料凸模上导正销尺寸过小。<br>(3) 导料板和凹模送料中心线不平行，孔位偏移。<br>(4) 侧刃定距不准 | (1) 修正定位钉。<br>(2) 更换导正销。<br>(3) 修正导料板。<br>(4) 修磨或更换侧刃 |

续表

| 故障现象 | 原因分析 | 排除方法 |
| --- | --- | --- |
| 凸模弯曲 | (1) 冲裁时产生的侧向力未消。<br>(2) 卸料板倾斜。<br>(3) 凸模、凹模位置产生变化。<br>(4) 凸模热处理硬度不够。<br>(5) 凸模及导向装置的安装位置不正确 | (1) 采用反侧压块来抵消侧向力的作用。<br>(2) 修整卸料板或使凸模加导向装置。<br>(3) 调整凸模、凹模的相对位置。<br>(4) 重新热处理，调整硬度或更换材料。<br>(5) 重新安装，调整好位置 |
| 毛刺增大 | (1) 刃口已出现磨损或崩刃。<br>(2) 即使重新研磨刃口后，仍效果不佳，很快又出现毛刺 | (1) 应对模具刃口重新研磨。<br>(2) 检查冲断面形状，模具经长期刃磨后，凹模间隙已变大或模具间隙发生偏移而产生毛刺，确认后进行适当的模具间隙调整 |

**【注意事项】**

（1）进入车间必须穿戴好规定的劳动保护用具。

（2）不准在车间追逐打闹。

（3）对不熟悉的设备不要操作。

（4）如发现机器运转不正常，应停止机器运转，通知老师。

（5）下课后必须将所用的工具量具收好，放到指定的地方。

（6）手锤柄不能带油污，以防使用时打滑脱手，发生事故。

（7）扳手、螺钉刀等不能用作撬棍或敲击工具。

（8）使用扳手时，不能用力过大或加长杆。

**知识扩展**

### 1. 冲裁件工艺分析

冲裁件的工艺性主要由冲裁件的结构工艺性、精度和断面粗糙度来体现。

**1）冲裁件的结构工艺性**

（1）冲裁件的形状应力求简单、规则、对称，以利于材料的合理利用。

（2）冲裁件的内、外形转角处应尽量避免尖角，应以圆角过渡，以便于模具加工，减少热处理开裂，减少冲裁时尖角处的崩刃和过快磨损。一般应有圆角半径 $R > (0.3 \sim 0.9)t$（$t$ 为板料厚度）。

（3）冲裁件上应尽量避免窄长的悬臂和凹槽，如图 7-36 所示。

（4）冲裁件上孔与孔、孔与零件边缘之间的距离受模具强度和零件质量的限制，其值不能太小，许可值如图 7-36 所示。

（5）在弯曲件或拉深件上冲孔时，空边与直壁之间应保持一定距离，以免冲孔时凸模受水平推力而折断，如图 7-36 所示。

（6）为保证凸模强度，防止凸模折断或压弯，冲孔的尺寸不应太小，如表 7-15 和表 7-16 所示。

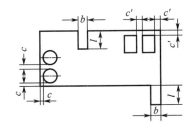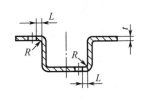

$b_{min} = 1.5t$ ； $c \geq (1 \sim 1.5)t$ ； $L \geq R + 0.5t$ ； $l = 0.5b$ ； $c' \geq (1.5 \sim 2)t$

图 7-36 冲裁件的结构工艺性

表 7-15 无导向凸模冲孔的最小尺寸

| 材 料 | 圆形孔（直径 $d$） | 方形孔（孔宽 $b$） | 矩形孔（孔宽 $b$） | 长圆形孔（孔宽 $b$） |
| --- | --- | --- | --- | --- |
| $\tau_b > 700$ MPa | $d \geq 1.5t$ | $b \geq 1.35t$ | $b \geq 1.2t$ | $b \geq 1.1t$ |
| 钢 $\tau_b = 400 \sim 700$ Pa | $d \geq 1.3t$ | $b \geq 1.2t$ | $b \geq 1.0t$ | $b \geq 0.9t$ |
| 钢 $\tau_b = 400$ MPa | $d \geq 1.0t$ | $b \geq 0.9t$ | $b \geq 0.8t$ | $b \geq 0.7t$ |
| 黄铜、铜 | $d \geq 0.9t$ | $b \geq 0.8t$ | $b \geq 0.7t$ | $b \geq 0.6t$ |
| 铝、锌 | $d \geq 0.8t$ | $b \geq 0.7t$ | $b \geq 0.6t$ | $b \geq 0.5t$ |
| 纸胶板、布胶板纸 | $d \geq 0.7t$ | $b \geq 0.6t$ | $b \geq 0.5t$ | $b \geq 0.4t$ |
|  | $d \geq 0.6t$ | $b \geq 0.5t$ | $b \geq 0.4t$ | $b \geq 0.3t$ |

注：$\tau_b$ 为剪切强度，$t$ 为料厚。

表 7-16 有导向凸模冲孔的最小尺寸

| 材 料 | 圆形（直径 $d$） | 矩形（孔宽 $b$） |
| --- | --- | --- |
| 硬钢 | $0.5t$ | $0.4t$ |
| 软钢及黄铜 | $0.35t$ | $0.3t$ |
| 铝、锌 | $0.3t$ | $0.28t$ |

注：$t$ 为料厚。

**2）冲裁件的精度和断面粗糙度**

（1）金属材料冲裁件的经济公差等级不高于 IT11 级。一般要求落料件公差等级最好低于 IT10 级，冲孔件最好低于 IT9 级。非金属材料冲裁件的经济公差等级为 IT14～IT15 级。

（2）一般金属件普通冲裁的断面粗糙度 $Ra$ 值可达 $3.2 \sim 12.5 \mu m$。

## 2．冲裁模间隙的确定

凸模与凹模每侧的间隙称为单面间隙，两侧间隙之和称为双面间隙。如无特殊说明，模具间隙就是双面间隙。

冲裁模间隙的数值等于凹模与凸模刃口部分尺寸之差，如图 7-37 所示。即

$$Z = D_A - d_T$$

式中，$Z$——冲裁模间隙；

$D_A$——凹模刃口尺寸；

$d_T$——凸模刃口尺寸。

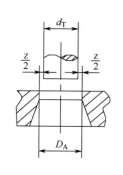

图 7-37 冲裁模间隙

冲裁模间隙对冲裁件质量、冲裁力、模具使用寿命都有很大的影响，设计模具时要合理地选择间隙，使冲裁件的断面质量较好、尺寸精度较高、冲裁力较小、模具使用寿命较高。在实际生产中，主要根据冲裁件断面质量、尺寸精度、模具使用寿命这三个因素，把间隙选择在一个适当的范围内作为合理间隙，这个范围的最小值称为最小合理间隙，最大值称为最大合理间隙。在设计和制造新模具时，应采用最小合理间隙。生产实践中常用经验确定法确定凸模、凹模的合理间隙。

根据近年来的研究和使用经验，间隙值要按使用要求分类使用。对于断面垂直度、尺寸精度要求高的工件应选用较小的间隙值；对于断面垂直度、尺寸精度要求不高的工件，可采用大间隙值，以降低冲裁力，提高模具使用寿命。

有关间隙值可以在一般冲压手册中查到，下面是两种常用的间隙表，供设计时参考。此处的初始间隙即最小合理间隙，初始间隙的最大值 $Z_{max}$ 是考虑到凸模、凹模制造公差所增加的数值。在使用过程中，由于模具工作部分的磨损，间隙将有所增加，因此间隙的使用最大数值要超过表列数值。

表 7-17 所示为电器仪表冲裁模初始双面间隙 $Z$；表 7-18 所示为汽车、拖拉机冲裁模初始双面间隙 $Z$。

表 7-17　电器仪表冲裁模初始双面间隙 $Z$　　　　单位：mm

| 材料厚度 $t$ | 软铝 | | 纯铜、黄铜、软钢 | | 杜拉铝、中等硬钢 | | 硬钢 | |
|---|---|---|---|---|---|---|---|---|
| | $Z_{min}$ | $Z_{max}$ | $Z_{min}$ | $Z_{max}$ | $Z_{min}$ | $Z_{max}$ | $Z_{min}$ | $Z_{max}$ |
| 0.2 | 0.008 | 0.012 | 0.010 | 0.014 | 0.012 | 0.016 | 0.014 | 0.018 |
| 0.3 | 0.012 | 0.018 | 0.015 | 0.021 | 0.018 | 0.024 | 0.021 | 0.027 |
| 0.4 | 0.016 | 0.024 | 0.020 | 0.028 | 0.024 | 0.032 | 0.028 | 0.036 |
| 0.5 | 0.020 | 0.030 | 0.025 | 0.035 | 0.030 | 0.040 | 0.035 | 0.045 |
| 0.6 | 0.024 | 0.036 | 0.030 | 0.042 | 0.036 | 0.048 | 0.042 | 0.054 |
| 0.7 | 0.028 | 0.042 | 0.035 | 0.049 | 0.042 | 0.056 | 0.049 | 0.063 |
| 0.8 | 0.032 | 0.048 | 0.040 | 0.056 | 0.048 | 0.064 | 0.056 | 0.072 |
| 0.9 | 0.036 | 0.054 | 0.045 | 0.063 | 0.054 | 0.072 | 0.063 | 0.081 |
| 1.0 | 0.040 | 0.060 | 0.050 | 0.070 | 0.060 | 0.080 | 0.070 | 0.090 |
| 1.2 | 0.050 | 0.084 | 0.072 | 0.096 | 0.084 | 0.108 | 0.096 | 0.120 |
| 1.5 | 0.075 | 0.105 | 0.090 | 0.120 | 0.105 | 0.135 | 0.120 | 0.150 |
| 1.8 | 0.090 | 0.126 | 0.108 | 0.144 | 0.126 | 0.162 | 0.144 | 0.180 |
| 2.0 | 0.100 | 0.140 | 0.120 | 0.160 | 0.140 | 0.180 | 0.160 | 0.200 |
| 2.2 | 0.132 | 0.176 | 0.154 | 0.198 | 0.176 | 0.220 | 0.198 | 0.242 |
| 2.5 | 0.150 | 0.200 | 0.175 | 0.225 | 0.200 | 0.250 | 0.225 | 0.275 |
| 2.8 | 0.168 | 0.224 | 0.196 | 0.252 | 0.224 | 0.280 | 0.252 | 0.308 |
| 3.0 | 0.180 | 0.240 | 0.210 | 0.270 | 0.240 | 0.300 | 0.270 | 0.330 |

表 7-18  汽车、拖拉机冲裁模初始双面间隙 Z　　　　　　　　　　　　　　　单位：mm

| 材料厚度 t | 08、10、35 09Mn2、Q235 | | 16Mn | | 40.50 | | 65Mn | |
|---|---|---|---|---|---|---|---|---|
| | $Z_{min}$ | $Z_{max}$ | $Z_{min}$ | $Z_{max}$ | $Z_{min}$ | $Z_{max}$ | $Z_{min}$ | $Z_{max}$ |
| 小于 0.5 | 极 小 间 隙 | | | | | | | |
| 0.5 | 0.040 | 0.060 | 0.040 | 0.060 | 0.040 | 0.060 | | |
| 0.6 | 0.048 | 0.072 | 0.048 | 0.072 | 0.048 | 0.072 | 0.040 | 0.060 |
| 0.7 | 0.064 | 0.092 | 0.064 | 0.092 | 0.064 | 0.092 | 0.048 | 0.072 |
| 0.8 | 0.072 | 0.104 | 0.072 | 0.104 | 0.072 | 0.104 | 0.064 | 0.092 |
| 0.9 | 0.090 | 0.126 | 0.090 | 0.126 | 0.090 | 0.126 | 0.064 | 0.092 |
| 1.0 | 0.100 | 0.140 | 0.100 | 0.140 | 0.100 | 0.140 | 0.090 | 0.126 |
| 1.2 | 0.126 | 0.180 | 0.132 | 0.180 | 0.132 | 0.180 | 0.090 | 0.126 |
| 1.5 | 0.132 | 0.240 | 0.170 | 0.240 | 0.170 | 0.240 | | |
| 2.0 | 0.246 | 0.360 | 0.260 | 0.380 | 0.260 | 0.380 | | |
| 2.1 | 0.260 | 0.380 | 0.280 | 0.400 | 0.280 | 0.400 | | |
| 2.5 | 0.360 | 0.100 | 0.380 | 0.540 | 0.380 | 0.540 | | |
| 2.75 | 0.400 | 0.560 | 0.420 | 0.600 | 0.420 | 0.600 | | |
| 3.0 | 0.460 | 0.640 | 0.480 | 0.660 | 0.480 | 0.660 | | |

### 温馨提示

间隙对工件断面质量的影响如图 7-38 所示。

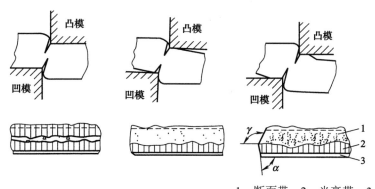

1—断面带；2—光亮带；3—圆角带

（a）间隙过小　　　（b）间隙合适　　　（c）间隙过大

图 7-38  间隙对工件断面质量的影响

## 项目考核

| 姓 名 | 项目七　微型冲裁模制作 | | | | | | | | | |
|---|---|---|---|---|---|---|---|---|---|---|
| | 项目总成绩评定表 | | | | | | | | | |
| | 小组互评（40%） | | | | 教师评价（60%） | | | | 总评成绩 | |
| 任　务 | 零件加工成果组内评分（学生自评/互评）(10分) | 任务工作过程/团队意识(5分) | 项目责任心/品质控制(5分) | 任务展示/PPT展示(20分) | 劳动纪律与态度/安全文明生产（10分） | 规范操作（10分） | 制作工艺（10分） | 项目成果/评分表（30分） | 任务总分 | 项目总评 |
| | | | | | | | | | | |
| | | | | | | | | | | |
| | | | | | | | | | | |
| | | | | | | | | | | |
| | | | | | | | | | | |

# 项目八

# 微型注射模制作与装调

## 项目情景描述

当前，我们在日常生产、生活中所使用到的各种工具和产品，如很多家用电器的外壳、电脑鼠标、手机壳、塑料水杯、矿泉水瓶等都和模具有着密切的关系。随着社会的进步，越来越多的塑料制品应用在生产、生活中，而生产这些产品离不开注射模。因此，注射模（见图8-1）得到了快速发展。本项目主要介绍塑料的相关知识和钳工制作微型注射模，是模具专业学生了解和掌握模具制作的基本技能。

图 8-1 注射模

## 教学目标

（1）能掌握塑料的组成及分类。
（2）能掌握常用塑料的种类及性能。
（3）能准确叙述注射成型的过程。
（4）能掌握注射成型模具的基本结构及分类。
（5）能顺利完成微型注射模的制作。
（6）能顺利完成微型注射模的装配及调试。

*微型注射模制作课业练习*

179

## 任务1 微型注射模制作

**任务描述**

注射模由浇注系统（由主流道、分流道、内浇口、冷料穴等结构组成）、成型零件（由型芯、型腔、成型杆、镶块等组成）、结构零件（由定模座板、动模座板、垫板、动模板、定模板、支撑板等组成）、顶出机构（由顶针、顶针垫板、顶针固定板等组成）、温度调节系统（由冷却水嘴、水管通道等组成）、导向系统（由导柱、导套等组成）、侧向分型与侧向抽芯机构（由侧向凹、凸及侧孔的零件，由滑块、斜导柱等组成）、紧固零件（由螺钉、销钉等标准零件组成）等组成。因此，制作一幅微型注射模需要几个人分工合作，以小组的形式完成制作。

**知识点**

**1. 塑料的组成**

塑料是以高分子聚合物为主要成分，经与不同的添加剂混炼而成的可塑型混合物，在加热、加压等条件下具有可塑性，而在常温下为柔韧的固体。

塑料以合成树脂为主要成分，由合成树脂和根据不同的需要而增添的不同添加剂组成。

**1）合成树脂**

合成树脂是塑料的基本成分，是人们模仿天然树脂的成分用化学方法人工制取得到的各种树脂。

**2）填充剂（又称填料）**

添加填充剂的目的是降低塑料中树脂的使用量，从而降低制品成本；其次是改善塑料的加工性能和使用性能，填充剂在塑料中的含量一般控制在40%以下。

**3）增塑剂**

增塑剂的作用是提高塑料的可塑性和柔软性。

**4）增强剂**

增强剂用于改善塑料制件的机械力学性能。但增强剂的使用会带来流动性的下降，恶化成型加工性，降低模具的寿命，且在流动充型时会带来纤维状填料的定向问题。

**5）稳定剂**

添加稳定剂的作用是提高塑料抵抗光、热、氧及霉菌等外界因素作用的能力，减缓塑料在成型或使用过程中的变质。稳定剂的用量一般为塑料的0.3%～0.5%。

**6）润滑剂**

润滑剂对塑料的表面起润滑作用。

**7）着色剂**

合成树脂的本色大多是白色半透明或无色透明的，在工业生产中常利用着色剂来增加塑料制品的色彩。对着色剂的要求是耐热、耐光、性能稳定、不分解、不变色、不与其他成分发生不良化学反应、易扩散、着色力强、与树脂有良好的相溶性、不发生析出现象。着色料的添加量应小于 2%。

**8）固化剂**

在热固性塑料成型时，有时要加入一种可以使合成树脂完成交联反应而固化的物质。

**9）其他辅助剂**

根据塑料的成型特性与制品的使用要求，在塑料中添加的添加剂成分还有阻燃剂、发泡剂、静电剂、导电剂、导磁剂、相容剂等。

### 2. 塑料的分类

**1）按合成树脂的分子结构及其成型特性分类**

（1）热塑性塑料。如图 8-2 所示，这类塑料的合成树脂都是线型或带有支链型结构的聚合物，在一定的温度下会受热变软，成为可流动的熔体。在此状态下冷却后保持既得形状；如再加热，又可变软塑制成另一种形状，且可以反复进行。

（2）热固性塑料。如图 8-3 所示，这类塑料的合成树脂是带有体型网状结构的聚合物，在加热之初，因分子呈线型结构，具有可熔性和可塑性，可塑制成一定形状的制品。当继续加热使温度达到一定程度后，分子呈现网状结构，树脂变成了不熔的体型结构，此时即使再加热到接近分解的温度，也不会再软化。

图 8-2　热塑性塑料

图 8-3　热固性塑料

**2）按塑料的应用范围分类**

（1）通用塑料。指产量大、成型性好、价格低、用途广，常作为非结构材料使用的塑料。

（2）工程塑料。指优良的力学性能和较宽温度范围内的尺寸稳定性，同时具有耐磨、耐腐蚀、自润滑等综合性能，能在一定程度上代替金属作为工程结构材料使用的塑料。

（3）特殊塑料。指具有某些特殊性能的塑料，这类塑料通常有高耐热性、高电绝缘性及高耐腐蚀性。

3．塑料的性能

**1）塑料的成型收缩**

（1）导致塑料成型收缩的因素。

① 塑料材料的热胀冷缩。

② 制品脱模后的弹性恢复。

③ 方向性收缩。制品呈现各向异性。

（2）影响塑料成型收缩的因素。

① 塑料品种。

② 制品结构。

③ 模具结构。

④ 成型工艺。

**2）塑料的流动性**

在塑料的模塑成型过程中，塑料熔体在一定的温度和压力下充填模具型腔的能力称为塑料的流动性。影响塑料流动性的因素主要有以下几方面。

（1）塑料的品种。

（2）成型工艺。

（3）模具结构。

**3）塑料的相容性（也称为共混性）**

相容性是指两种或两种以上不同品种的聚合物，在熔融状态下不产生相分离现象的能力。

**4）塑料的热敏性**

热敏性是指某些热稳定性差的塑料，在较高温下受热时间稍长或料温过高时发生变色、降解、分解的倾向。具有这种倾向的塑料称为热敏性塑料，如硬聚氯乙烯、聚甲醛、聚三氟氯乙烯、尼龙等。

**5）塑料的吸水性**

吸水性是指塑料对水分的亲疏程度。

**6）结晶性**

聚合物的结晶是指某些线型聚合物熔体在冷凝过程中，树脂分子的排列由非晶态转变为晶态的过程。结晶型塑料在模塑成型时应注意以下几点：

（1）塑化时需要更多的热量，应选择塑化能力强的设备。

（2）冷凝结晶时放出的热量多，模具应加强冷却。

（3）成型收缩大，易发生缩孔和气泡。

（4）制品各向异性显著，内应力大，易产生翘曲与变形，成型后应进行适当的热处理。

**7）聚合物的取向**

聚合物的取向是指塑料成型时大分子链在外力（如剪应力或拉应力）的作用下，沿着受力方向平行排列的现象。聚合物的取向分为流动取向和拉伸取向。

**8）聚合物的交联**

聚合物的交联是指热固性塑料在成型过程中,其聚合物分子由线型结构转变为体形结构的化学反应过程,通常也称为"硬化"。

**9）聚合物的降解**

聚合物在热、力、辐射及水、氧、酸、碱等因素的作用下所发生的相对分子质量降低、分子结构发生变化的现象,称为降解。

### 4．常用塑料

**1）聚乙烯**

（1）基本特性：聚乙烯塑料由乙烯单体经聚合而成,是塑料工业中产量最大的品种。按聚合时采用的生产压力的高低可分为高压、中压和低压聚乙烯三种。

聚乙烯无毒、无味、呈乳白色的蜡状半透明状,柔而韧,比水轻,有一定的机械强度,但与其他塑料相比,其机械强度偏低、表面硬度差。聚乙烯的绝缘性能优异,介电性能稳定;化学稳定性好,能耐稀硫酸、稀硝酸,以及其他任何浓度的酸、碱、盐的侵蚀;除苯及汽油外,一般不溶于有机溶剂;透水汽性能较差,而透氧气、二氧化碳及许多有机物质蒸气的性能好;聚乙烯的耐低温性能较好,在 -60℃下仍具有较好的力学性能,但其使用温度不高,一般 LDPE 的使用温度在 80℃左右,HDPE 的使用温度在 100℃左右。

（2）主要用途：高密度聚乙烯可用于制造塑料管、塑料板及承载不高的零件,如齿轮、轴承等;低密度聚乙烯常用于制作塑料薄膜、软管、塑料瓶,以及电气工业的绝缘零件和包覆电缆等。

（3）成型特点：聚乙烯成型时,收缩率大,在流动方向与垂直方向上的收缩差异大,且在注射方向的收缩率大于垂直方向的收缩率,易产生变形和产生缩孔;冷却速度慢,必须充分冷却;聚乙烯质软易脱模,制品有浅的侧凹时可强行脱模。

**2）聚氯乙烯**

（1）基本特性：聚氯乙烯是世界上产量最大的塑料品种之一。硬聚氯乙烯不含或少含增塑剂,有较好的抗拉、抗弯、抗压和抗冲击性能;软聚氯乙烯含有较多的增塑剂,柔软性、断裂伸长率较好,但硬度、抗拉强度较低。聚氯乙烯有较好的电气绝缘性能,可以用作低频绝缘材料。聚氯乙烯的化学稳定性也较好,但聚氯乙烯的热稳定性较差。

（2）主要用途：由于聚氯乙烯的化学稳定性高,所以可用于防腐管道等;因其电气绝缘性能优良而在电气、电子工业中用于制造插座、插头、开关、电缆等;在日常生活中用于制造凉鞋、雨衣、玩具、人造革等。

（3）成型特点：聚氯乙烯在成型温度下容易分解,所以必须加入稳定剂和润滑剂,并严格控制温度及熔料的滞留时间。

**3）聚丙烯**

聚丙烯是由丙烯单体经聚合而成的，无味、无毒，外观似聚乙烯，呈白色的蜡状半透明状，是通用塑料中最轻的聚合物，聚丙烯具有优良的耐热性、耐化学腐蚀性，电学性能和力学性能，其强度比聚乙烯好，特别是经定向后的聚丙烯具有极高的抗弯曲疲劳强度，可制作铰链。聚丙烯可在107℃～121℃下长期使用，在无外力作用下，使用温度可达150℃。聚丙烯是通用塑料中唯一能在水中煮沸且在135℃蒸汽中消毒而不被破坏的塑料。

**4）聚苯乙烯**

（1）基本特性：聚苯乙烯是由苯乙烯聚合而成的无色、无味、无毒的透明塑料，易燃烧，燃烧时带有很浓的黑烟，并有特殊气味。聚苯乙烯具有优良的光学性能，易于着色，聚苯乙烯具有良好的电学性能，尤其是高频绝缘性；质地硬而脆，并具有较高的热膨胀系数。

（2）主要用途：聚苯乙烯在工业上可制造仪器仪表零件、灯罩、透明模型、绝缘材料、接线盒、电池盒等。在日用品方面可用于制造包装材料、装饰材料、各种容器、玩具等。

（3）成型特点：流动性和成型性优良，成品率高，但易出现裂纹，成型制品的脱模斜度不宜过小，顶出要均匀；由于热膨胀系数高，制品中不宜有嵌件，否则会因两者的热膨胀系数相差太大而导致开裂。宜用高料温、低注射压力成型并延长注射时间，以防缩孔及变形，但料温过高，则容易出现银丝。因流动性好，模具设计中大多采用点浇口形式。

**5）丙烯腈-丁二烯-苯乙烯共聚物（ABS）**

（1）基本特性：ABS是由丙烯腈（A）、丁二烯（B）、苯乙烯（S）共聚生成的三元共聚物，具有良好的综合力学性能。丙烯腈使ABS有较高的耐热性、耐化学腐蚀性及表面硬度；丁二烯使ABS具有良好的弹韧性、冲击强度、耐寒性及较高的抗拉强度；苯乙烯使ABS具有良好的成型加工性、着色性和介电特性，使ABS制品的表面光洁。ABS无毒、无味、不透明，色泽微黄，可燃烧，有良好的机械强度和极好的抗冲击强度，有一定的耐油性、稳定的化学性和电气性能。

（2）主要用途：ABS广泛应用于家用电子电器、工业设备及日常生活用品等领域。

（3）成型特点：ABS在升温时黏度增高，所以成型压力较高，塑料上的脱模斜度宜稍大；易吸水，成型加工前应进行干燥处理；易产生熔接痕。

**6）聚酰胺**

（1）基本特性：聚酰胺又称尼龙（Nylon），尼龙树脂为无毒、无味，呈白色或淡黄色的结晶颗粒。尼龙具有优良的力学性能，抗拉、抗压、耐磨。作为机械零件材料，具有良好的消音效果和自润滑性能。尼龙还具有良好的耐化学性、气体透过性、耐油性和电性能。但其吸水性强、收缩率大，常常因吸水而引起尺寸的变化。

（2）主要用途：由于尼龙具有较好的力学性能，所以在工业上被广泛用于制作轴承、齿轮等机械零件，以及降落伞、刷子、梳子、拉链、球拍等。

（3）成型特点：熔融黏度低、流动性好，容易产生飞边。成型加工前必须进行干燥处理；

易吸潮，制品尺寸变化大；成型时排除的热量多，模具上应设计冷却均匀的冷却回路；熔融状态的尼龙热稳定性较差，易发生降解使制品性能下降，因此不允许尼龙在高温料筒内停留过长时间。

**7）酚醛塑料**

（1）基本特性：酚醛脂本身很脆，呈琥珀玻璃态，刚性好、变形小、热耐磨，能在150℃～200℃的温度范围内长期使用，在水润滑条件下有极低的摩擦系数。其电绝缘性能优良；缺点是质脆，冲击强度差。

（2）主要用途：用于制造齿轮、轴瓦、导向轮、轴承及电工结构材料和电气绝缘材料。石棉布层压塑料主要用于在高温环境下工作的零件。木质层压塑料适用于作水润滑冷却下的轴承及齿轮等。

（3）成型特点：其成型性能好，特别适用于压缩成型；模温对流动性的影响较大，一般当温度超过160℃时流动性迅速下降；硬化时放出大量热量，厚壁大型制品易发生硬化不匀及过热现象。

**8）环氧树脂**

（1）基本特征：环氧树脂具有很强的黏结能力，是人们熟悉的万能胶的主要成分。此外还耐化学药品、耐热，电气绝缘性能良好，收缩率小，比酚醛树脂有更好的力学性能。其缺点是耐气候性差、耐冲击性低，质地脆。

（2）主要用途：环氧树脂可用作金属和非金属材料的黏结剂，用于封闭各种电子元件。用环氧树脂配以石英粉等来浇铸各种模具。还可以作为各种产品的防腐涂料。

（3）成型特点：其流动性好，硬化速度快；用于浇注时，浇注前应加脱模剂，因为环氧树脂热刚性差，硬化收缩小，难于脱模；硬化时不析出任何副产物，成型时无须排气。

**9）氨基塑料**

氨基塑料也是热固性塑料，由氨基化合物与醛类（主要是甲醛）经缩聚反应而得到，主要包括脲-甲醛（UF）、三聚氰胺-甲醛（MF）等。

（1）基本特性及主要用途：脲-甲醛塑料经染色后具有各种鲜艳的色彩，外观光亮，部分透明，表面硬度较高，耐电弧性能好，耐矿物油，但耐水性较差，在水中长期浸泡后电气绝缘性能下降。该塑料被大量用于压制日用品及电气照明用设备的零件、电话机、收音机、钟表外壳、开关插座及电气绝缘零件等。三聚氰胺-甲醛可制成各种色彩，耐光、耐电弧、无毒，在－20℃～100℃的温度范围内性能变化小，重量轻，不易碎，能耐茶、咖啡等污染性强的物质。该塑料主要用于餐具、航空杯及电器开关、灭弧罩及防爆电器的配件等。

（2）成型特点：压注成型收缩率大；含水分及挥发物多，使用前需预热干燥，成型时有弱酸性分解，并有水分析出；流动性好，硬化速度快。因此，预热及成型温度要适当，装料、合模及加工速度要快；带嵌件的塑料易应力集中，尺寸稳定性差。

### 5．注射成型概述

**1）模塑成型的方法**

模塑成型的方法有很多，主要有注塑成型、压缩成型、压注成型、挤出成型、中空成型和固相成型，此外，还有滚塑成型、泡沫塑料成型等。

**2）注射成型的过程**

（1）合模、加料、加热、塑化、挤压。

（2）注射、保压、冷却、固化、定型。

（3）螺杆嵌塑，脱模顶出。

**3）注射成型设备**

（1）注射成型机的分类如下。

① 按用途可分为热塑性塑料注射成型机、热固性塑料注射成型机。

② 按外形可分为立式、卧式、角式注射成型机。

③ 按能力可分为小型（50cm³ 注射量）、中型（50～1000cm³ 注射量）、大型（1000cm³ 以上注射量）。

④ 按塑化可分为有塑化装置、无塑化装置注射成型机。

⑤ 按操作可分为手动、半自动、自动注射成型机。

⑥ 按绕动可分为机械绕动、液压绕动、机械液压绕动注射成型机。

（2）注射成型的结构组成。

① 注射系统：料斗、塑化部件（料筒、螺杆、电热圈）喷嘴。

② 锁模系统：实现模具的启闭、锁紧、塑件顶出。

③ 传动操作控制系统。

（3）注射机的型号、规格、基本参数。

① 一般以注射量表示注射机的容量，如型号 Xs-ZY-25 表示一次最大注射量为 25cm³ 的卧式螺杆注射成型机。

② 基本参数：公称注射量、合模压力、注射压力、注射速度、注射功率、塑化能力、合模与开模速率、机器间隙次数、最大成型面积、模板尺寸、模板间距离。

**4）塑料成型工艺条件**

（1）成型温度。通常是指模具成型时需要控制的温度，如在注塑成型时，料筒温度、喷嘴温度和模具温度均需控制。

（2）成型压力。是指模塑工艺中的压力。若在压缩与压注成型中，成型压力是指压力机对塑件单位面积上所加的压力；而在注射成型中指的是塑化压力、注射压力和模腔压力。

（3）成型时间。是指一次模塑成型所需要的时间，也称为成型周期。

## 6. 注射成型模具基本结构及分类

### 1）基本结构

根据各部分的作用不同可分为以下几种基本结构。

（1）浇注系统：将塑料由注射机喷嘴引向型腔的通道称为浇注系统，其由主流道、分流道、内浇口、冷料穴等结构组成。

（2）成型零件：是直接构成塑料件形状及尺寸的各种零件，由型芯（成型塑件内部形状）、型腔（成型塑料外部形状）、成型杆和镶块等构成。

（3）结构零件：构成零件结构的各种零件，在模具中起安装、导向、机构动作及调温等作用。由定模座板、动模座板、垫板、动模板、定模板、支撑板等组成。

（4）顶出机构：将制件从模具型腔中顶出来。由顶针、顶针垫板、顶针固定板等组成。

（5）温度调节系统：调节模具温度，保证塑件的质量。由冷却水嘴、水管通道等组成。

（6）导向系统：对动定模起导向作用。由导柱、导套等组成。

（7）侧向分型与侧向抽芯机构：主要有侧向凹、凸及侧孔的零件，由滑块、斜导柱等组成。

（8）紧固零件：主要连接、紧固各零件，使其成为模具整体。由螺钉、销钉等标准零件组成。

### 2）模具的分类

（1）按注射机类型分为立式注射机、卧式注射机、直角式注射机上用的模具。

（2）按模具的型腔数目分为单型腔和多型腔注射模。

（3）按注射模的总体结构特征分为单分型面注射模、双分型面注射模、带侧向分型与抽芯机构的注射模等。

## 7. 单分型面注射模结构（两板式注射模）

单分型面注射模也称为两板式注射模，是指制品与浇注系统凝料从同一分型面取出的模具结构，是注射模中较简单的一种形式。这类模具只有一个分型面，如图 8-4 所示。根据需要，单分型面注射模既可以设计成单型腔注射模，也可以设计成多型腔注射模，其应用十分广泛。

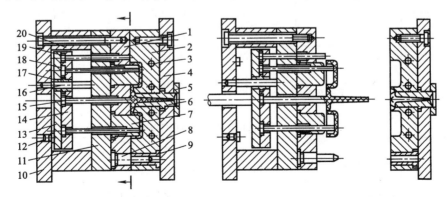

1—动模板；2—定模板；3—冷却水孔；4—定模座板；5—定位圈；6—浇口套；7—型芯；
8—导柱；9—导套；10—动模座板；11—支撑板；12—垃圾钉；13—推板；14—顶针固定板；
15—拉料杆；16—推板导柱；17—推板导套；18—顶针；19—复位杆；20—支撑板

图 8-4　单分型面注射模

单分型面注射模的工作原理如图 8-4 所示。开模时，动模后退，模具从分型面分开，塑件包紧在型芯上随动模部分一起向左移动而脱离型腔；同时，浇注系统凝料在拉料杆的作用下，和塑料制件一起向左移动。移动一定距离后，当注射机的顶杆接触推板时，脱模机构开始动作，推杆推动塑件从型芯上脱下来，浇注系统凝料同时被拉料杆推出，然后人工将塑料制件及浇注系统凝料从分型面取出。闭模时，在导柱和导套的导向定位作用下，动模、定模闭合。在闭合过程中，定模板推动复位杆使脱模机构复位。然后，注射机开始下一次注射。

**思考与练习**

（1）塑料有哪些主要成分？
（2）塑料的分类有哪些？
（3）塑料成型的方法主要有哪些？
（4）模塑成型的工艺条件是什么？
（5）简述单分型面注射模的工作原理。

**知识扩展**

塑料常用材料及热处理工艺要求如表 8-1 所示。

表 8-1　塑料常用材料及热处理工艺要求

| 模具类型 | | 工作条件 | 对材料性能要求 | 常用模具材料 | 热处理 | 硬度（HRC） |
|---|---|---|---|---|---|---|
| 热固性塑料压模 | 批量小、形状简单的压塑模 | 受力大，工作温度较高（200～250℃），易侵蚀，易磨损，手工操作时还会受到脱模的冲击和碰撞 | 具有较高的强韧性、耐磨性及冷热疲劳抗力，有一定的抗蚀性 | 20（渗碳）、T8、T10 | 淬火、回火 | >55 |
| | 工作温度高、受冲击的压塑模 | | | 5GrMnMo<br>5GrW2Si<br>9GrWMn<br>5GrNiMo | 淬火、回火 | >50 |
| | 高寿命压塑模 | | | Gr6Wv<br>Gr12MoV<br>Gr4W2MoV | 淬火、回火 | >53 |
| 热塑性塑料注射模 | 一般注射模 | 受热、受压及摩擦不严重，部分塑料制品含有氯及氟，在压制时漏出腐蚀性的气体，侵蚀型腔表面 | 具有较高的抗蚀性及一定的耐磨性和强韧性 | 5GrMnMo<br>9Mn2V<br>9GrWMn<br>MnGrWv | 淬火、回火 | >55 |
| | 高寿命注射模 | | | Gr6Wv<br>Gr4W2Mov<br>GrMn2SiWMoV | 淬火、回火 | >55 |
| | 高耐蚀注射模 | | | 2Gr13<br>38GrMoAL | 淬火、回火 | 35～42 |

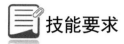

# 学习活动 1　微型注射模制作实训

【操作准备】

锉刀、A3 钢板、直角尺、毛刷、铜丝刷等。

微型注射模图样及尺寸如图 8-5 所示。

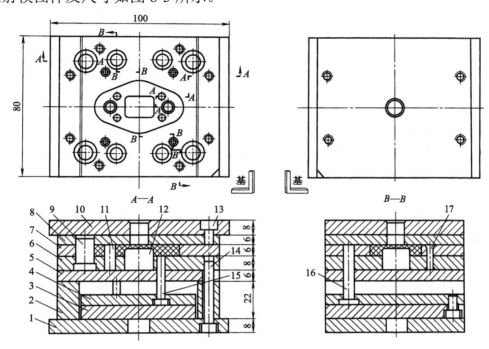

图 8-5　微型注射模图样及尺寸

## 1．成型零件制作

### 1）定模板（装配图序号 8）

定模版如图 8-6 所示，定模板加工工艺如表 8-2 所示。

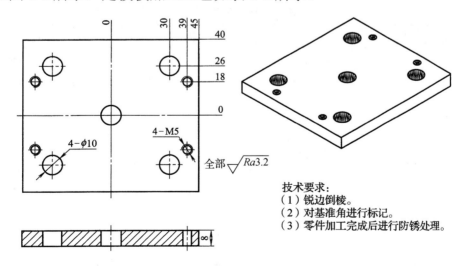

图 8-6　定模板

表 8-2 定模板加工工艺

| 序号 | 工序名称 | 设备 | 工具 | 量具 | 工序内容 | 备注 |
|---|---|---|---|---|---|---|
| 1 | 下料 | 钳台 | 锯弓、锯片 | 钢直尺 | 下料：95mm×85mm×8mm | |
| 2 | 磨削 | 磨床 | 内六角扳手 | 千分尺 | 磨削：加工厚度尺寸8mm至公差值 | |
| 3 | 加工基准面 | 钳台 | 锉刀 | 刀口角尺 | 锉削：加工两垂直边，保证垂直度、平面度误差小于0.02mm | |
| 4 | 划线 | 划线平台 | 垂直靠块 | 高度划线尺 | 划线：划出外形、螺钉过孔加工位置 | |
| 5 | 加工外形 | 钳台 | 锉刀、锯弓 | 千分尺、游标卡尺 | 锯、锉削：加工长度尺寸90mm、宽度尺寸80mm至公差值 | |
| 6 | 加工导套孔 | 钻床 | 钻头 | 游标卡尺 | 钻削、铰削：加工4-φ9.8mm导套孔（与型腔板、型腔垫板配钻），铰削4-φ10mm导套孔，保证孔径尺寸、孔距尺寸 | |
| 7 | 倒角 | 钳台 | 锉刀 | | 锐边倒角 | |

**2）型腔板（装配图序号7）**

型腔板如图8-7所示，型腔板加工工艺如表8-3所示。

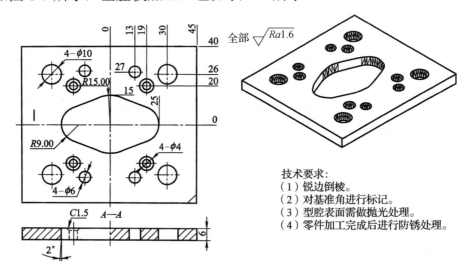

图 8-7 型腔板

表 8-3 型腔板加工工艺

| 序号 | 工序名称 | 设备 | 工具 | 量具 | 工序内容 | 备注 |
|---|---|---|---|---|---|---|
| 1 | 下料 | 钳台 | 锯弓、锯片 | 钢直尺 | 下料：95mm×85mm×6mm | |
| 2 | 磨削 | 磨床 | 内六角扳手 | 千分尺 | 磨削：加工厚度尺寸6mm至公差值 | |
| 3 | 加工基准面 | 钳台 | 锉刀 | 刀口角尺 | 锉削：加工两垂直边，保证垂直度、平面度误差小于0.02mm | |
| 4 | 划线 | 划线平台 | 垂直靠块 | 高度划线尺 | 划线：划出外形、导套孔、铆钉孔、复位杆过孔、型腔孔加工位置 | |
| 5 | 加工外形 | 钳台 | 锉刀、锯弓 | 千分尺、游标卡尺 | 锯、锉削：加工长度尺寸85mm、宽度尺寸17.5mm至公差值 | |
| 6 | 加工型腔孔 | 钳台 | 锉刀 | 游标卡尺、万能角度尺 | 钻削、锉削：钻排孔去除型腔孔余料；锉削型孔、保证型孔尺寸至公差值 | |

续表

| 序号 | 工序名称 | 设备 | 工具 | 量具 | 工序内容 | 备注 |
|---|---|---|---|---|---|---|
| 7 | 加工导柱孔 | 钻床 | 钻头 | 游标卡尺 | 钻削、铰削：加工 4-$\phi$9.8mm 导柱孔（与型腔垫板、定模板配钻），铰削 4-$\phi$10mm 导柱孔，保证孔径尺寸、孔距尺寸 | |
| 8 | 加工铆钉孔 | 钳台 | 钻头 | 游标卡尺 | 钻削：钻 4-$\phi$4mm 铆钉孔（与型腔垫板配钻），倒 1.5 斜角，保证孔径尺寸、孔距尺寸 | |
| 9 | 加工复位杆孔 | 钻床 | 钻头 | 游标卡尺 | 钻削：钻削 4-$\phi$6 mm 复位杆孔，保证孔距尺寸 | |
| 10 | 倒角 | 钳台 | 锉刀 | | 锐边倒角 | |

### 3）镶件（装配图序号 12）

镶件如图 8-8 所示，四方镶件加工工艺如表 8-4 所示，镶件加工工艺如表 8-5 所示。

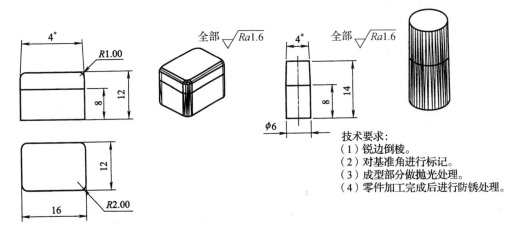

图 8-8　镶件

表 8-4　四方镶件加工工艺

| 序号 | 工序名称 | 设备 | 工具 | 量具 | 工序内容 | 备注 |
|---|---|---|---|---|---|---|
| 1 | 下料 | 钳台 | 锯弓、锯片 | 钢直尺 | 下料：20mm × 15mm × 15mm | |
| 2 | 加工基准面 | 钳台 | 锉刀 | 刀口角尺 | 锉削：加工三相互垂直边，保证垂直度、平面度误差小于 0.02mm | |
| 3 | 划线 | 划线平台 | 垂直靠块 | 高度划线尺 | 划线：划出外形、加工位置 | |
| 4 | 加工外形 | 钳台 | 锉刀、锯弓 | 千分尺、游标卡尺 | 锯削、锉削：加工长度尺寸 16mm、宽度尺寸 12mm、高度尺寸 12mm 至公差值 | |
| 5 | 加工拔模斜度 | 钳台 | 锉刀 | 万能角度尺 | 锉削：加工 4° 拔模斜度，保证高度尺寸公差值 | |

表 8-5　镶件加工工艺

| 序号 | 工序名称 | 设备 | 工具 | 量具 | 工序内容 | 备注 |
|---|---|---|---|---|---|---|
| 1 | 下料 | 钳台 | 锯弓、锯片 | 钢直尺 | 下料：$\phi$10mm × 30mm | |

续表

| 序号 | 工序名称 | 设备 | 工具 | 量具 | 工序内容 | 备注 |
|---|---|---|---|---|---|---|
| 2 | 车削 | 车床 | 90°车刀 | 千分尺 | 车削：粗车削、精车削φ10mm锥台轴至公差值 | |
| 3 | 车削 | 车床 | 90°车 | 万能角度尺 | 车削：车4°拔模斜度，保证尺寸8mm至公差值 | |
| 4 | 车削 | 车床 | 切断刀 | 游标卡尺 | 车削：切断，保证14mm尺寸 | |

**4）型腔垫板（装配图序号6）**

型腔垫板如图8-9所示，型腔垫板加工工艺如表8-6所示。

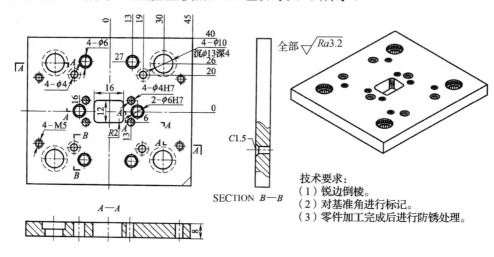

图8-9 型腔垫板

表8-6 型腔垫板加工工艺

| 序号 | 工序名称 | 设备 | 工具 | 量具 | 工序内容 | 备注 |
|---|---|---|---|---|---|---|
| 1 | 下料 | 钳台 | 锯弓、锯片 | 钢直尺 | 下料：95mm×85mm×8mm | |
| 2 | 磨削 | 磨床 | 内六角扳手 | 千分尺 | 磨削：加工厚度尺寸8mm至公差值 | |
| 3 | 加工基准面 | 钳台 | 锉刀 | 刀口角尺 | 锉削：加工两垂直边，保证垂直度、平面度误差小于0.02mm | |
| 4 | 划线 | 划线平台 | 垂直靠块 | 高度划线尺 | 划线：划出外形、镶件型孔、导柱孔、铆钉孔、复位杆孔、螺钉孔、顶针孔加工位置 | |
| 5 | 加工外形 | 钳台 | 锉刀、锯弓 | 千分尺、游标卡尺 | 锯削、锉削：加工长度尺寸90mm、宽度尺寸80mm至公差值 | |
| 6 | 加工镶件型孔 | 钳台 | 锉刀 | 千分尺、游标卡尺 | 钻、锉削：钻排孔去除镶件型孔余料；锉削型孔，保证型孔尺寸至公差值 | |
| 7 | 加工镶针孔 | 钻床 | 钻头 | 游标卡尺 | 钻削：钻削2-φ5.8mm镶针底孔，铰削2-φ6mm镶针孔，保证孔径、孔距尺寸 | |
| 8 | 加工导柱孔 | 钳台 | 钻头 | 游标卡尺 | 钻、铰削：钻4-φ9.8mm导柱孔（与型腔板、定模板配钻），铰削4-φ10mm导柱孔，钻沉头孔，保证孔径、孔距尺寸 | |
| 9 | 加工铆钉孔 | 钳台 | 钻头 | 游标卡尺 | 钻削：钻4-φ4mm铆钉孔（与型腔板配钻），倒1.5斜角，保证孔径、孔距尺寸 | |

续表

| 序号 | 工序名称 | 设备 | 工具 | 量具 | 工序内容 | 备注 |
|---|---|---|---|---|---|---|
| 10 | 加工复位杆孔 | 钻床 | 钻头 | 游标卡尺 | 钻削：钻削4-φ6mm复位杆孔，保证孔距尺寸 | |
| 11 | 加工螺纹孔 | 钳台 | 丝锥 | 刀口角尺 | 攻螺纹：钻4-φ4.3mm底孔，加工4-M5螺纹 | |
| 12 | 加工顶针孔 | 钻床 | 钻头 | 游标卡尺 | 钻、铰削：钻4-φ3.8mm底孔，铰削4-φ4mm顶针孔，保证尺寸 | |
| 13 | 倒角 | 钳台 | 锉刀 | | 锐边倒角 | |

## 2．顶出系统零件制作

### 1）推板（装配图序号3）

推板如图8-10所示，推板加工工艺如表8-7所示。

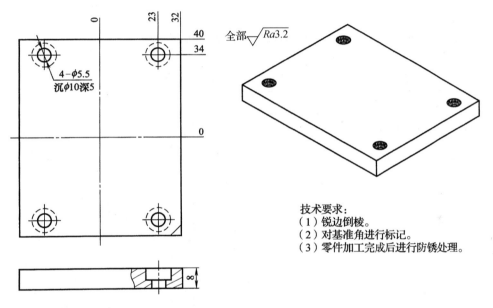

技术要求：
（1）锐边倒棱。
（2）对基准角进行标记。
（3）零件加工完成后进行防锈处理。

图8-10　推板

表8-7　推板加工工艺

| 序号 | 工序名称 | 设备 | 工具 | 量具 | 工序内容 | 备注 |
|---|---|---|---|---|---|---|
| 1 | 下料 | 钳台 | 锯弓、锯片 | 钢直尺 | 下料：85mm×70mm×8mm | |
| 2 | 磨削 | 磨床 | 内六角扳手 | 千分尺 | 磨削：加工厚度尺寸10mm至公差值 | |
| 3 | 加工基准面 | 钳台 | 锉刀 | 刀口角尺 | 锉削：加工两垂直边，保证垂直度、平面度误差小于0.02mm | |
| 4 | 划线 | 划线平台 | 垂直靠块 | 高度划线尺 | 划线：划出外形、沉头孔加工位置 | |
| 5 | 加工外形 | 钳台 | 锉刀、锯弓 | 千分尺、游标卡尺 | 锯、锉削：加工长度尺寸80mm、宽度尺寸64mm至公差值 | |
| 6 | 加工沉头孔 | 钻床 | 钻头 | 游标卡尺 | 钻削：加工4-φ5.5mm通孔，用φ10mm锪孔钻锪深度为5mm的沉头孔，保证孔距、沉头孔深度尺寸 | |
| 7 | 倒角 | 钳台 | 锉刀 | | 锐边倒角 | |

## 2）顶针固定板（装配图序号 4）

顶针固定板如图 8-11 所示，顶针固定板加工工艺如表 8-8 所示。

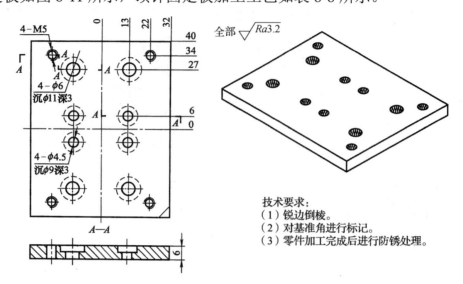

图 8-11 顶针固定板

表 8-8 顶针固定板加工工艺

| 序号 | 工序名称 | 设　备 | 工　具 | 量　具 | 工　序　内　容 | 备注 |
|---|---|---|---|---|---|---|
| 1 | 下料 | 钳台 | 锯弓、锯片 | 钢直尺 | 下料：85mm×70mm×6mm | |
| 2 | 磨削 | 磨床 | 内六角扳手 | 千分尺 | 磨削：加工厚度尺寸 6mm 至公差值 | |
| 3 | 加工基准面 | 钳台 | 锉刀 | 刀口角尺 | 锉削：加工两垂直边，保证垂直度、平面度误差小于 0.02mm | |
| 4 | 划线 | 划线平台 | 垂直靠块 | 高度划线尺 | 划线：划出外形、顶针沉头孔、复位杆沉头孔、螺纹孔加工位置 | |
| 5 | 加工外形 | 钳台 | 锉刀、锯弓 | 千分尺、游标卡尺 | 锯、锉削：加工长度尺寸 80mm、宽度尺寸 64mm 至公差值 | |
| 6 | 加工顶针沉头孔 | 钻床 | 钻头 | 游标卡尺 | 钻削：钻 4-$\phi$5mm 通孔，用 $\phi$9mm 锪孔钻锪深度为 3mm 的顶针沉头孔，保证孔距、沉头孔深度尺寸 | |
| 7 | 加工复位杆沉头孔 | 钻床 | 钻头 | 游标卡尺 | 钻削：钻 4-$\phi$6mm 通孔，用 $\phi$11mm 锪孔钻锪深度为 3mm 的复位杆沉头孔，保证孔距、沉头孔深度尺寸 | |
| 8 | 加工螺纹孔 | 钳台 | 丝锥 | 刀口角尺 | 攻螺纹：钻 4-$\phi$4.3mm 底孔，用 M5 粗牙丝锥攻 4-M5 螺纹 | |
| 9 | 倒角 | 钳台 | 锉刀 | | 锐边倒角 | |

### 3. 结构零件制作

#### 1）定模座板（装配图序号 10）

定模座板如图 8-12 所示，定模座板加工工艺如表 8-9 所示。

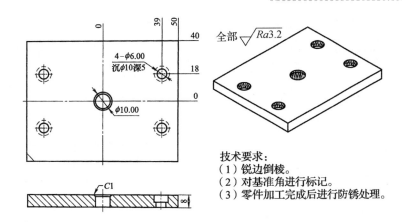

图 8-12 定模座板

表 8-9 定模座板加工工艺

| 序号 | 工序名称 | 设备 | 工具 | 量具 | 工序内容 | 备注 |
|---|---|---|---|---|---|---|
| 1 | 下料 | 钳台 | 锯弓、锯片 | 钢直尺 | 下料：85mm×105mm×8mm | |
| 2 | 磨削 | 磨床 | 内六角扳手 | 千分尺 | 磨削：加工厚度尺寸 8mm 至公差值 | |
| 3 | 加工基准 | 钳台 | 锉刀 | 刀口角尺 | 锉削：加工两垂直边，保证垂直度、平面度误差小于 0.02mm | |
| 4 | 划线 | 划线平台 | 垂直靠块 | 高度划线尺 | 划线：划出外形、沉头孔、进料孔加工位置 | |
| 5 | 加工外形 | 钳台 | 锉刀、锯弓 | 游标卡尺、千分尺 | 锯削、锉削：加工长度尺寸100mm、宽度尺寸80mm至公差值 | |
| 6 | 加工沉头孔 | 钻床 | 钻头 | 游标卡尺 | 钻削：加工 4-φ6mm 通孔，用φ10mm 锪孔钻锪深度为 5mm 的沉头孔，保证孔距、沉头孔深度尺寸 | |
| 7 | 加工进料孔 | 钻床 | 钻头 | 游标卡尺 | 钻削：加工φ10mm 进料孔，倒 1.5 斜角，保证孔距尺寸 | |
| 8 | 倒角 | 钳台 | 锉刀 | | 锐边倒角 | |

**2）动模垫板（装配图序号 5）**

动模垫板如图 8-13 所示，动模垫板加工工艺如表 8-10 所示。

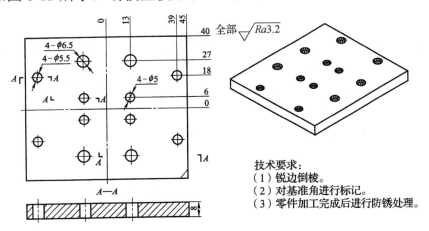

图 8-13 动模垫板

表 8-10　动模垫板加工工艺

| 序号 | 工序名称 | 设备 | 工具 | 量具 | 工序内容 | 备注 |
|---|---|---|---|---|---|---|
| 1 | 下料 | 钳台 | 锯弓、锯片 | 钢直尺 | 下料：95mm×85mm×8mm | |
| 2 | 磨削 | 磨床 | 内六角扳手 | 千分尺 | 磨削：加工厚度尺寸8mm至公差值 | |
| 3 | 加工基准面 | 钳台 | 锉刀 | 刀口角尺 | 锉削：加工两垂直边，保证垂直度、平面度误差小于0.02mm | |
| 4 | 划线 | 划线平台 | 垂直靠块 | 高度划线尺 | 划线：划出外形、顶针过孔、螺钉过孔、复位杆过孔加工位置 | |
| 5 | 加工外形 | 钳台 | 锉刀、锯弓 | 千分尺、游标卡尺 | 锯、锉削：加工长度尺寸90mm、宽度尺寸80mm至公差值 | |
| 6 | 加工复位杆过孔 | 钻床 | 钻头 | 游标卡尺 | 钻削：加工4-φ6.5mm复位杆过孔，保证孔距尺寸 | |
| 7 | 加工顶针过孔 | 钻床 | 钻头 | 游标卡尺 | 钻削：加工4-φ5mm复位杆过孔，保证孔距尺寸 | |
| 8 | 加工螺钉过孔 | 钻床 | 钻头 | 游标卡尺 | 钻削：加工4-φ5.5mm复位杆过孔，保证孔距尺寸 | |
| 9 | 倒角 | 钳台 | 锉刀 | | 锐边倒角 | |

**3）支撑板（装配图序号2）**

支撑板如图 8-14 所示，支撑板加工工艺如表 8-11 所示。

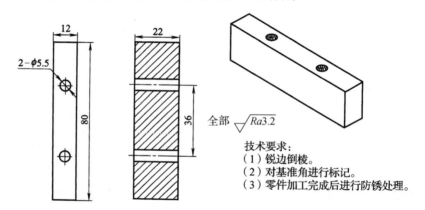

图 8-14　支撑板

表 8-11　支撑板加工工艺

| 序号 | 工序名称 | 设备 | 工具 | 量具 | 工序内容 | 备注 |
|---|---|---|---|---|---|---|
| 1 | 下料 | 钳台 | 锯弓、锯片 | 钢直尺 | 下料：85mm×25mm×12mm | |
| 2 | 磨削 | 磨床 | 内六角扳手 | 千分尺 | 磨削：加工厚度尺寸12mm至公差值 | |
| 3 | 加工基准面 | 钳台 | 锉刀 | 刀口角尺 | 锉削：加工两垂直边，保证垂直度、平面度误差小于0.02mm | |
| 4 | 划线 | 划线平台 | 垂直靠块 | 高度划线尺 | 划线：划出外形、螺钉过孔加工位置 | |
| 5 | 加工外形 | 钳台 | 锉刀、锯弓 | 千分尺、游标卡尺 | 锯、锉削：加工长度尺寸80mm、宽度尺寸22mm至公差值 | |
| 6 | 加工螺钉过孔 | 钻床 | 钻头 | 游标卡尺 | 钻削：钻削2-φ5.5mm螺钉过孔，保证孔距尺寸 | |
| 7 | 倒角 | 钳台 | 锉刀 | | 锐边倒角 | |

### 4）动模座板（装配图序号 1）

动模座板如图 8-15 所示，动模座板加工工艺如表 8-12 所示。

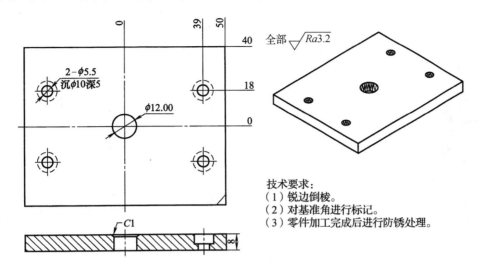

图 8-15 动模座板

表 8-12 动模座板加工工艺

| 序号 | 工序名称 | 设备 | 工具 | 量具 | 工序内容 | 备注 |
|---|---|---|---|---|---|---|
| 1 | 下料 | 钳台 | 锯弓、锯片 | 钢直尺 | 下料：105mm×85mm×8mm | |
| 2 | 磨削 | 磨床 | 内六角扳手 | 千分尺 | 磨削：加工厚度尺寸 8mm 至公差值 | |
| 3 | 加工基准面 | 钳台 | 锉刀 | 刀口角尺 | 锉削：加工两垂直边，保证垂直度、平面度误差小于 0.02mm | |
| 4 | 划线 | 划线平台 | 垂直靠块 | 高度划线尺 | 划线：划出外形、沉头孔、顶棍孔加工位置 | |
| 5 | 加工外形 | 钳台 | 锉刀、锯弓 | 千分尺、游标卡尺 | 锯、锉削：加工长度尺寸 100mm、宽度尺寸 80mm 至公差值 | |
| 6 | 加工沉头孔 | 钻床 | 钻头 | 游标卡尺 | 钻削：加工 4-$\phi$5.5mm 通孔，用 $\phi$10mm 锪孔钻锪深度为 5mm 的沉头孔，保证孔距、沉头孔深度尺寸 | |
| 7 | 加工顶棍孔 | 钻床 | 钻头 | 游标卡尺 | 钻削：钻削 $\phi$12mm 顶棍孔，保证孔距尺寸 | |
| 8 | 倒角 | 钳台 | 锉刀 | | 锐边倒角 | |

**操作步骤提示：**

（1）分组，以三人为一小组，完成微型注射模零件的加工。

（2）以小组为单位，讨论微型注射模零件的加工工艺。

（3）编制微型注射模零件加工工艺。

（4）分工，填写模具进度表。

（5）下料，检查下料毛坯尺寸是否合格。

（6）根据图样、加工工艺完成微型注射模零件的制作。

（7）检查各零件精度。

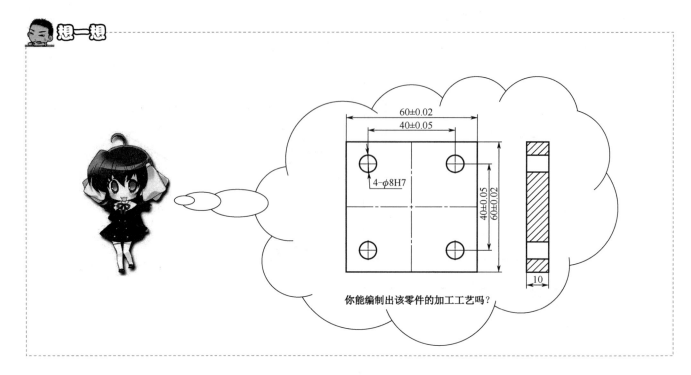

【注意事项】

（1）制作时应注意各零件的基准统一。

（2）制作工艺零件时，刃口不允许倒角。

（3）各零件基准边应做上标记。

（4）钻孔时必须带上眼镜操作。

（5）量具应进行校正后再使用。

（6）工作时工具、量具应摆放整齐。

（7）加工过程中，小组成员应经常讨论，了解模具制作的进度及需要配钻、配作的位置，再进行相应的操作。

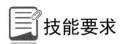

技能要求

## 学习活动2　零件抛光实训

【操作准备】

油石、砂纸、风磨机或电磨头、钻石研磨膏等。

【操作步骤】

（1）将型腔板固定于虎钳上，放置好需要抛光的表面。

（2）用油石进行粗抛，使用顺序为#240—#400—#600—#800—#1000。

（3）用砂纸进行半精抛，使用顺序为#400—#600—#800—#1000。

（4）用气动风磨机或电磨头、钻石膏配合精抛。

【注意事项】

（1）装夹时应该注意不损坏其他表面，且便于操作。

（2）油石进行粗抛时应用煤油配合使用，以便观察及清洗。

（3）砂纸抛光时应将前面油石的粉末清理干净，特别是进行到高号数的砂纸抛光时更应该注意抛光面的清洁。

（4）用较软的工具夹持砂纸进行抛光，如木块。

（5）使用气动工具和电动工具时要遵守操作规程，并注意安全。

**温馨提示**

在注射模加工中所说的抛光与其他行业中所要求的表面抛光有很大的不同，严格来说，模具的抛光应该称为镜面加工。它不仅对抛光本身有很高的要求，并且对表面平整度、光滑度及几何精确度有很高的要求。表面抛光一般只要求获得光亮的表面。镜面加工的标准分为四级：$A_0 = Ra0.008\mu m$，$A_1 = Ra0.016\mu m$，$A_3 = Ra0.032\mu m$，$A_4 = Ra0.063\mu m$，由于电解抛光、流体抛光等方法很难精确控制零件的几何精确度，而化学抛光、超声波抛光、磁研磨抛光等方法的表面质量又达不到要求，所以精密模具的镜面加工还是以机械抛光为主。

**知识扩展**

1. 刮削

刮削有平面刮削和曲面刮削，本书只介绍平面刮削的方法。刮削前工件表面先经过切削加工，刮削余量为 0.05～0.4mm，具体数值根据工件刮削面积和误差大小而定。

1）刮刀的种类

刮刀是刮削的主要工具，有平面刮刀和曲面刮刀，如图 8-16 和图 8-17 所示。材料一般由碳素工具钢 T10A、T12A 或耐磨性较好的 CCr15 滚动轴承钢锻造成型，后端装有木柄，刀刃部分经淬硬后为 60HRC 左右，刃口需经过研磨，并经磨制和热处理淬硬而成。

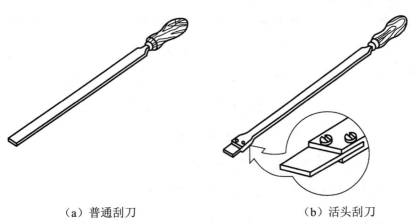

（a）普通刮刀　　　　　　　（b）活头刮刀

图 8-16　平面刮刀

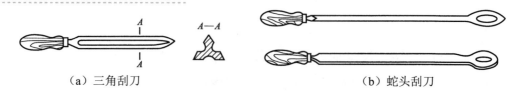

(a) 三角刮刀　　　　　　　　　　　　(b) 蛇头刮刀

图 8-17　曲面刮刀

平面刮刀主要用来刮削平面，可分为普通刮刀和活头刮刀。普通刮刀，按所刮削表面的精度不同，可分为粗刮刀、细刮刀和精刮刀三种，如图 8-16（a）所示。活头刮刀，刮刀刀头采用碳素工具钢或轴承钢制成，刀身则由中碳钢制成，通过焊接或机械装夹将刀头固定于刀身上，如图 8-16（b）所示。

曲面刮刀主要用来刮削内曲面，如滑动轴承的内孔等。主要有三角刮刀（如图 8-17（a）所示）、蛇头刮刀（如图 8-17（b）所示）和柳叶刮刀。

**2）校准工具**

校准工具是用来研点和检查被刮面准确性的工具，也称研具。常用的校准工具有校准平板（见图 8-18）、校准直尺（见图 8-19）、角度直尺（见图 8-20）及根据被刮面形状设计制造的专用校准型板等。

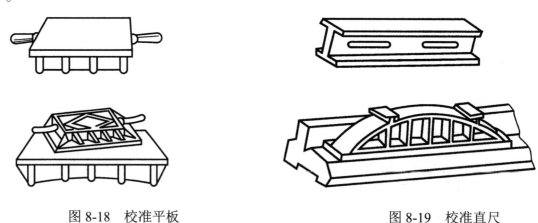

图 8-18　校准平板　　　　　　　　　　　　图 8-19　校准直尺

**3）平面刮刀的刃磨**

（1）平面刮刀的几何角度。刮刀的角度按粗刮、细刮、精刮的要求而定。三种刮刀的楔角 $\beta$：精刮刀为 90°～92.5°，切削刃平直；细刮刀为 95°左右，切削刃稍带圆弧；精刮刀为 97.5°左右，刀刃带圆弧，如图 8-21 所示。韧性材料的刮刀可磨成正前角，但这种刮刀只适用于粗刮。刮刀平面应平整光洁，刃口无缺陷。

图 8-20　角度直尺

（2）粗磨。粗磨时分别将刮刀两平面贴在砂轮侧面上，开始时应先接触砂轮边缘，再慢慢平放在侧面上，不断地前后移动进行刃磨，使两面都达到平整，在刮刀全宽上用肉眼看不出有显著的厚薄差别，如图 8-22（a）所示；然后粗磨顶端面，把刮刀的顶端放在砂轮上平稳左右移动，如图 8-22（b）所示；要求端面与刀身中心线垂直，粗磨时应先以一定倾斜度与砂轮接触，如图8-22（c）所示，再逐步按图示箭头方向转动至水平。若直接按水平位置靠上砂轮，刮刀会颤抖，不易磨削，甚至会出事故。

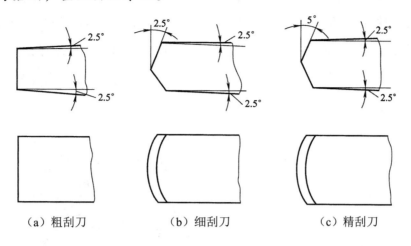

（a）粗刮刀　　　　　（b）细刮刀　　　　　（c）精刮刀

图8-21　刮刀切削部分的几何形状和角度

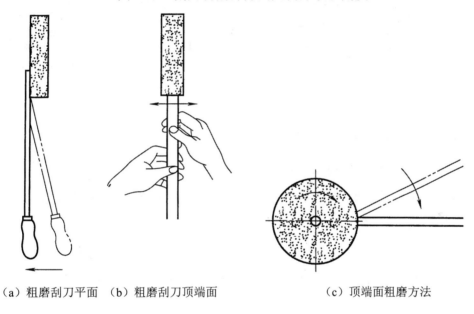

（a）粗磨刮刀平面　（b）粗磨刮刀顶端面　　　（c）顶端面粗磨方法

图8-22　平面刮刀在砂轮上粗磨

（3）热处理。将粗磨好的刮刀放在炉火中缓慢加热到780℃～800℃（呈樱红色），加热长度为25mm左右，取出后迅速放入冷水中（或质量分数为10%的盐水中）冷却，浸入深度约为8～10mm。刮刀接触水面时缓缓平移并间断地少许上下移动，这样可防止淬硬部分留下明显界限。当刮刀露出水面部分呈黑色，且将刮刀由水中取出观察其刃部颜色为白色时，应迅速把整个刮刀浸入水中冷却，直到刮刀全冷后取出即完成热处理。热处理后的刮刀切削部分硬度应在60HRC以上，用于粗刮。对于精刮刀及刮花刮刀，淬火时可用油冷却，这样刀头不会产生裂纹，且金属的组织较细，容易刃磨，切削部分的硬度接近60HRC。

（4）细磨。热处理后的刮刀在细砂轮上细磨，基本达到刮刀形状和几何角度的要求。刮刀刃磨时必须常蘸水冷却，避免刃口部分退火。

（5）精磨。刮刀精磨在磨石上进行。操作时在磨石上加适量机油，先磨两平面，如

图 8-23（a）所示，直至平面平整，表面粗糙度 $Ra \leq 0.2\mu m$。然后精磨端面，如图 8-23（b）所示，刃磨时左手扶住手柄，右手紧握刀身，使刮刀直立在磨石上，略带前倾（前倾角根据刮刀 $\beta$ 角的不同而定）地向前推移，拉回时刀身略微提起，以免磨损刃口，如此反复，直到切削部分形状和角度符合要求，且刃口锋利为止。初学者还可将刮刀上部靠在肩上，两手握住刀身，向后拉动来磨刃口，向前时将刮刀提起，如图 8-23（c）所示。此法速度较慢，但容易掌握。在初学时常先采用此法练习，待熟练后再采用前述磨法。

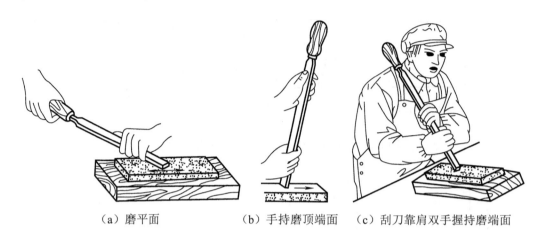

（a）磨平面　　　　（b）手持磨顶端面　　（c）刮刀靠肩双手握持磨端面

图 8-23　刮刀在磨石上精磨

（6）刃磨时的安全注意事项。

① 刮刀毛坯锻打后应先磨去棱角及边口毛刺。

② 刃磨刮刀端面时，用力的方向应通过砂轮轴线，操作人员应站立在砂轮的侧面或斜侧面。

③ 刃磨时施加的压力不能太大，刮刀应缓慢接近砂轮，避免刮刀颤抖剧烈造成事故。

④ 热处理工作场地应保持整洁，淬火操作时应小心谨慎，以免灼伤。

**4）显示剂**

用工件和校准工具推研时，所加的涂料称为显示剂，其作用是显示工件误差的位置和大小。

（1）显示剂的用法：显示剂的用法如表 8-13 所示。

（2）显示剂的种类：常用显示剂的种类及应用如表 8-14 所示。

表 8-13　显示剂的用法

| 类　别 | 显示剂的选用 | 显示剂的涂抹 | 显示剂的调和 |
| --- | --- | --- | --- |
| 粗刮 | 红丹粉 | 涂在研具上 | 调稀 |
| 精刮 | 蓝油 | 涂在工件上 | 调干 |

表 8-14　常用显示剂的种类及应用

| 种　类 | 成　分 | 应　用 |
| --- | --- | --- |
| 红丹粉 | 由氧化铅和氧化铁用机油调和而成，前者呈橘红色，后者呈红褐色，颗粒较细 | 广泛用于钢和铸铁工件 |
| 蓝油 | 用蓝粉和蓖麻油及适量的机油调和而成 | 多用于精密工件和有色金属及其合金的工件 |

（3）显点的方法：显点的方法应根据不同形状和刮削面积的大小有所区别。

① 中、小型工件的显点：一般是校准平板固定不动，工件被刮面在平板上推研。推研时压力要均匀，避免显示失真。如果工件被刮面小于平板面，推研时最好不要超过平板，如果被刮面等于或稍大于平板面，则允许工件超出平板，但超出部分应小于工件长度的 1/3，如图 8-24 所示。推研应在整个平板上进行，以防平板局部磨损。

图 8-24　工件在平板上显点

② 大型工件的显点：将工件固定，平板在工件的被刮面上推研。推研时，平板超出工件被刮面的长度应小于平板长度的 1/5。

③ 形状不对称工件的显点：推研时应在工件某个部位托或压，如图 8-25 所示。但用力的大小要适当、均匀。显点时还应注意，如果两次显点有矛盾，应分析原因，认真检查推研方法，谨慎处理。

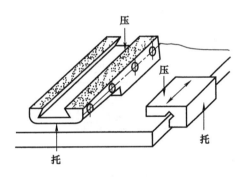

图 8-25　形状不对称工件的显点

**5）平面刮削的过程**

平面刮削有单个平面刮削（如平板、工作台面等）和组合平面刮削（如 V 形导轨面、燕尾槽面等）两种。一般要经过粗刮、细刮、精刮和刮花等过程。平面刮削步骤及要求如表 8-15 所示，刮花的花纹如图 8-26 所示。

表 8-15　平面刮削步骤及要求

| 要求类别 | 目　的 | 方　法 | 研点数/(25mm×25mm) |
|---|---|---|---|
| 粗刮 | 用粗刮刀在刮削面上均匀地铲去一层较厚的金属。目的是去余量、去锈斑、去刀痕 | 连续推铲法，刀迹要连成长片 | 2 或 3 点 |
| 细刮 | 用细刮刀在刮削面上刮去稀疏的大块研点（俗称破点），以进一步改善不平现象 | 短刮法，刀痕宽而短。随着研点的增多，刀迹逐步缩短 | 12～15 点 |

续表

| 要求类别 | 目　的 | 方　法 | 研点数/(25mm×25mm) |
|---|---|---|---|
| 精刮 | 用精刮刀更仔细地刮削研点（俗称摘点），以增加研点，改善表面质量，使刮削面符合精度要求 | 点刮法，刀迹长度约为 5mm。刮面越窄小，精度要求越高，刀迹越短 | 大于 20 点 |
| 刮花 | 在刮削面或机器外观表面上刮出装饰性花纹，既能使刮削面美观，又改善了润滑条件，如图 8-26 所示 | 斜纹花是用精刮刀与工件边成 45°角方向刮成的；鱼鳞花的刮法如图 8-26（d）所示；半月花刮刀与工件边成 45°角左右，刮刀除了推挤，还要靠手腕的力量扭动 | |

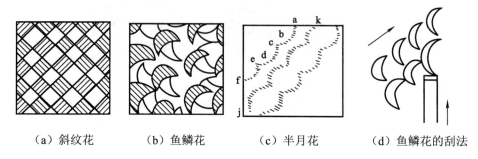

（a）斜纹花　　（b）鱼鳞花　　（c）半月花　　（d）鱼鳞花的刮法

图 8-26　刮花的花纹

**6）刮削精度的检验**

刮削精度包括尺寸精度、形位精度、接触精度、配合间隙及表面粗糙度等。接触精度常用 25mm×25mm 正方形方框内的研点数检验，如图 8-27 所示。各种平面接触精度研点数如表 8-16 所示。

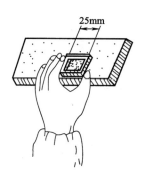

图 8-27　工件在平板上显点

表 8-16　各种平面接触精度研点数

| 平面种类 | 每 25mm×25mm 内的研点数 | 应　用 |
|---|---|---|
| 一般平面 | 2～5 | 较粗糙机件的固定结合面 |
| | 5～8 | 一般结合面 |
| | 8～12 | 机器台面、一般基准面、机床导向面、密封结合面 |
| | 12～16 | 机床导轨及导向面、工具基准面、量具接触面 |
| 精密平面 | 16～20 | 精密机床导轨、直尺 |
| | 20～25 | 1 级平板、精密量具 |
| 超精密平面 | 25 | 0 级平板、高精度机床导轨、精密量具 |

注：表中 1 级平板、0 级平板指通用平板的精度等级。

## 2. 研磨

**1）研磨的特点及作用**

（1）研磨可以获得其他方法难以达到的高尺寸精度和形状精度。通过研磨后的尺寸精度可达到 0.001～0.005mm。

（2）研磨容易获得极小的表面粗糙度。一般情况下，表面粗糙度为 $Ra$1.6～0.1μm，最小可达 $Ra$0.012μm。

（3）研磨加工方法简单、不需要复杂设备，但加工效率低。

（4）经研磨后的零件能提高表面的耐磨性、抗腐蚀能力及疲劳强度，从而延长零件的使用寿命。目前，很多工厂在制作模具时，常采用油石直接研磨或研磨机研磨的方法来提高模具的精度要求。

**2）研磨余量**

研磨是微量切削，因此研磨余量不能太大，也不宜太小，一般在 0.005～0.030mm 之间比较合适。

**3）研具**

研具是保证被研磨工件的几何形状精度的重要因素，因此，对研具材料、精度和表面粗糙度都有较高的要求。

（1）研具材料。硬度应比被研磨工件低，组织均匀，具有较高的耐磨性和稳定性，有较好的嵌存磨料的性能等。常用的研磨材料有如下几种。

① 灰铸铁：具有硬度适中、嵌入性好、价格低、研磨效果好等特点，是一种应用广泛的研磨材料。

② 球墨铸铁：比灰铸铁的嵌入性好，且更加均匀、牢固，常用于精密工件的研磨。

③ 软钢：韧性较好，不易折断，常用来制作小型工件的研具。

④ 铜：性质较软，嵌入性好，常用来制作研磨软钢类工件的研具。

（2）研具类型。不同形状的工件需要不同形状的研具，常用的研具有研磨平板、研磨环和研磨棒等。

① 研磨平板，主要用来研磨平面，如研磨量块、精密量具的平面等，如图 8-28 所示。其中有槽的用于粗研，光滑的用于精研。

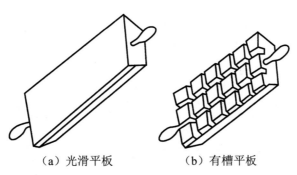

（a）光滑平板　　（b）有槽平板

图 8-28　研磨平板

② 研磨环，主要用来研磨轴类工件的外圆表面，如图8-29所示。

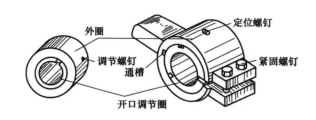

图8-29 研磨环

③ 研磨棒：主要用来研磨套类工件的内孔，如图8-30所示。研磨棒有固定式和可调式两种，固定式研磨棒制造简单，但磨损后无法补偿，多用于单件工件的研磨。可调式研磨棒的尺寸可在一定范围内调整，其使用寿命较长，应用广泛。

（a）固定式研磨棒1　　　　　　（b）固定式研磨棒2　　　　　　（c）可调式研磨棒

1、4—调整螺母；2—锥度心轴；3—开槽研磨套

图8-30 研磨棒

### 4）研磨剂

研磨剂是由磨料和研磨液调和而成的混合剂。

（1）磨料：在研磨中起切削作用，研磨效率、研磨精度都和磨料有密切的关系。磨料的系列及用途如表8-17所示。

表8-17 磨料的系列与用途

| 系列 | 磨料名称 | 代号 | 特　性 | 适用范围 |
|---|---|---|---|---|
| 氧化铝系列 | 棕刚玉 | A | 棕褐色，硬度高，韧性大，价格便宜 | 粗研磨或精研磨钢、铸铁和黄铜 |
| | 白刚玉 | WA | 白色，硬度比棕刚玉高，韧性比棕刚玉差 | 精研磨淬火钢、高速钢、高碳钢及薄壁零件 |
| | 铬刚玉 | PA | 玫瑰红或紫红色，韧性比白刚玉高，磨削粗糙度低 | 研磨量具、仪表零件等 |
| | 单晶刚玉 | SA | 淡黄色或白色，硬度和韧性比白刚玉高 | 研磨不锈钢、高钒高速钢等强度高、韧性大的材料 |
| 碳化物系列 | 黑碳化硅 | C | 黑色有光泽，硬度比白刚玉高，脆而锋利，导热性和导电性良好 | 研磨铸铁、黄铜、铝、耐火材料及非金属材料 |
| | 绿碳化硅 | GC | 绿色，硬度和脆性比黑碳化硅高，具有良好的导热性和导电性 | 研磨硬质合金、宝石、陶瓷、玻璃等材料 |
| 碳化物系列 | 碳化硼 | DC | 灰黑色，硬度仅次于金刚石 | 精研磨和抛光硬质合金、人造宝石等硬质材料 |

续表

| 系列 | 磨料名称 | 代 号 | 特 性 | 适用范围 |
|---|---|---|---|---|
| 金刚石系列 | 人造金刚石 | JR | 无色透明、淡黄色、黄绿色、黑色，硬度高，比天然金刚石略脆，表面粗糙 | 粗研磨或精研磨硬质合金、人造宝石、半导体等高硬度脆性材料 |
| | 天然金刚石 | JT | 硬度最高，价格昂贵 | |
| 其他 | 氧化铁 | — | 红色至暗红色，比氧化铬软 | 精研磨或抛光钢、玻璃等材料 |
| | 氧化铬 | — | 深绿色 | |

磨料的粗细用粒度表示，按颗粒尺寸分为41个粒度号，有两种表示方法，其中，磨粉有4号、5号、…、240号，共27个，粒度号越大，磨粒越细；微粉类有W63、W50、…、W0.5，共14个，号数越大，磨粒越粗。在选用时应根据精度高低进行选取，常用研磨磨料如表8-18所示。

表8-18 常用研磨磨料

| 粒 度 号 | 研磨加工类型 | 可达表面粗糙度 Ra/μm |
|---|---|---|
| 100号～240号 | 用于最初的研磨加工 | — |
| W40～W20 | 用于粗研磨加工 | 0.2～0.4 |
| W14～W7 | 用于半精研磨加工 | 0.1～0.2 |
| W5以下 | 用于精研磨加工 | 0.1以下 |

（2）研磨液：在加工过程中起调和磨料、冷却和润滑的作用，它能防止磨料过早失效并减少工件（或研具）的发热变形。常用的研磨液有煤油、汽油、10号和20号机械油、锭子油等。

### 温馨提示

#### 油石的知识

在使用油石的过程中，主要是利用磨料对被加工表面进行磨削。加工表面粗糙度好，加工精度高，油石的切削刃具有自锐作用。一般有六种：绿碳化硅、白刚玉、棕刚玉、碳化硼、红宝石（又名烧结刚玉）和天然玉。在模具制作过程中，经常采用人工或机器对模具型腔进行研磨加工。

油石种类分为陶瓷结合剂油石和树脂结合剂油石。陶瓷结合剂油石的品种有正方油石（sf）、长方油石（sc）、三角油石（sj）、半圆油石（sb）、圆柱油石（sy）、刀形油石（sd）、珩磨油石（sh）、网纹油石（swh）、砂轮片、磨头、双面油石及其他特殊非标准油石等；树脂结合剂油石有珩磨平台油石（sph）等。

不同粒度磨料的适用范围如表8-19所示。磨料的硬度等级及代号如表8-20所示。

表8-19 不同粒度磨料的适用范围

| 序号 | 粒 度 号 | 使用范围 |
|---|---|---|
| 1 | 4、5、6、8、10、12、14、16、20、22、24、30 | 用于粗磨及切割等 |
| 2 | 36、40、46、54 | 用于一般要求的半精磨 |

续表

| 序号 | 粒 度 号 | 使 用 范 围 |
|---|---|---|
| 3 | 60、70、80、90、100 | 用于一般要求的精磨 |
| 4 | 120、150、180、220、240、W63、W50、W40、W28、W20 | 用于研磨、螺纹等 |
| 5 | W14、W10、W7、W5、W3.5、W2.5、W1.5、W1.0、W0.5 | 用于镜面磨、精细抛光等 |

表8-20 磨料的硬度等级及代号

| 大级 | 超软 | 软 | | | 中软 | | 中 | | 中硬 | | | 硬 | | 超硬 |
|---|---|---|---|---|---|---|---|---|---|---|---|---|---|---|
| 小级 | 超软 | 软1 | 软2 | 软3 | 中软1 | 中软2 | 中1 | 中2 | 中硬1 | 中硬2 | 中硬3 | 硬1 | 硬2 | Y |
| 代号 | D E F | G | H | J | K | L | M | N | P | Q | R | S | T | |

# 知识要求

## 任务2 微型注射模装配与调试

**任务描述**

微型注射模的装配是模具制造过程的最后一个环节，对各配合零件的配合要求较为严格。完成微型注射模装配一般要完成模架装配、流道系流、成型零件、顶出系统、冷却系统等零件的装配。在装配之前，要仔细研究设计图样，按照模具的结构及技术要求确定合理的装配顺序及装配方法，选择合理的检测方法及测量工具等。装配完成后，还应对模具进行产品试验，试验合格后才算真正完成装配。因此，注射模的装配工作非常重要。

**知识点**

本任务主要以单落料模为例，介绍微型注射模的装配要点。

### 1. 外观

（1）模具非工作部分的棱边应倒角。

（2）装配后模具的整体高度应符合设计及使用设备的技术条件。

（3）模具装配后各分型面要配合严密。

（4）各零件制件的支撑面要相互平行，平行度允许误差200mm内不大于0.05mm。

（5）大、中型模具应设有吊钩、吊环，以便模具安装使用。

（6）模具装配后需打刻度、定模方向记号、编号、图号及使用设备型号等。

### 2. 成型零件及浇注系统

（1）成型零件的尺寸精度应符合设计要求。

（2）成型零件及浇注系统的表面应光洁，无死角、塌坑、划伤等缺陷。

（3）型腔分为型面、浇道系统、进料口等部位，应保持锐边，不得修为圆角。

（4）装配后，相互配合的成型零件的相对位置精度应达到设计要求，以保证成型制品的尺寸、形状精度。

（5）拼块、镶嵌式的型腔或型芯，应保证拼接面配合严密、牢固、表面光洁、无明显接缝。

### 3．活动零件

（1）各活动零件的配合间隙要适当，起止位置定位要准确可靠。

（2）活动零件导向部位运动要平稳、灵活，相互协调一致，不得有卡紧及阻滞现象。

### 4．锁紧及紧固零件

（1）锁紧零件要紧固有力、准确、可靠。

（2）紧固零件要紧固有力，不得松动。

（3）定位零件配合松紧要合适，不得有松动现象。

### 5．顶出机构

（1）各顶出零件动作协调一致、平稳、无阻止现象。

（2）有足够的强度和刚度，良好的稳定性，工作时受力均匀。

（3）开模时应保证制件和浇注系统顺利脱模及取出，合模时应准确退回原始位置。

### 6．导向机构

（1）导柱、导套装配后，应垂直于模座，滑动灵活、平稳，无阻止现象。

（2）导向精度要达到设计要求，对动模、定模有良好的导向、定位作用。

（3）斜导柱应具有足够的强度、刚度及耐磨性，与滑块的配合适当，导向正确。

（4）滑块和滑槽配合松紧适度，动作灵活，无阻止现象。

### 7．加热冷却系统

（1）冷却装置要安装牢固，密封可靠，不得有渗漏现象。

（2）加热装置安装后要保证绝缘，不得有漏电现象。

（3）各控制装置安装后，动作要准确灵活、转换及时、协调一致。

## 技能要求

### 学习活动　微型注射模装配与调试实训

**【操作准备】**

锉刀、内六角扳手、直角尺、毛刷、铜棒等。

【操作步骤】

图 8-31 所示为微型注射模展开图。

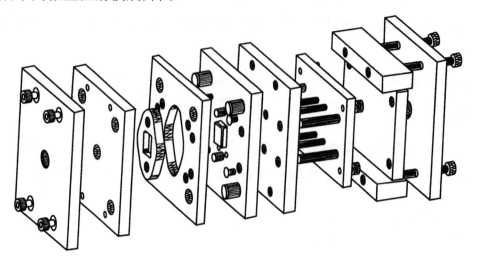

图 8-31　微型注射模展开图

### 1. 装配导柱、镶件

（1）将导柱压入动模板上，装配时应注意导柱与动模板的垂直度（可用刀口角尺辅助测量），导柱应能很好地固定于动模板上，不存在晃动现象。

（2）将镶件装入动模板上，装配时应注意镶件与镶件孔的配合，间隙不允许大于 0.03mm，否则会出现漏胶现象，并用环氧树脂 AB 胶固定镶件。

测量型腔板的厚度，确定镶件的高度，并将镶件加工至计算的高度，如图 8-32 所示。

### 2. 装配型腔板

（1）将型腔板装配至动模板上，装配时应注意导套孔口倒角，并且加润滑油装配，如图 8-33 所示。

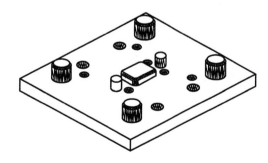 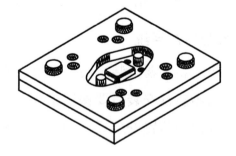

图 8-32　导柱、镶件装配　　　　图 8-33　将型腔板装配至动模板上

（2）检查镶件高度是否准确（可以用刀口直尺及深度千分尺辅助检测）。

（3）打上铆钉，将动模板与型腔板固定，装配时应注意各孔口及锐边的毛刺，应保证动模板上表面与型腔板下表面良好接触，否则会出现漏胶现象，如图 8-34 所示。可以在打铆钉之前用红丹粉涂于动模板上表面，盖上型腔板检查接触情况。

### 3. 装配动模垫板

动模垫板装配后如图 8-35 所示。

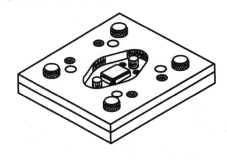

图 8-34　固定好的动模板与型腔板

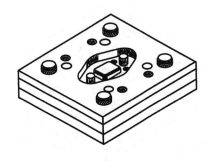

图 8-35　动模垫板装配后

### 4. 装配复位杆、顶针、顶针固定板、推板、垫板

复位杆、顶针、顶针固定板、推板、垫板装配图如图 8-36 所示。

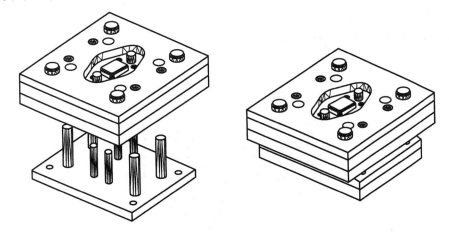

图 8-36　复位杆、顶针、顶针固定板、推板、垫板装配图

（1）装上顶针固定板。

（2）计算顶针长度。顶针长度＝支撑板高度＋动模垫板厚度＋动模板厚度－推板厚度。

（3）计算复位杆长度。复位杆长度＝支撑板高度＋动模垫板厚度＋动模板厚度＋型腔板厚度－推板厚度。

（4）装上顶针、复位杆，装配时应加润滑油。

（5）装上推板，装配后顶出机构活动应顺畅无阻滞现象。

### 5. 装配支撑板、动模板

装配支撑板、动模板如图 8-37 所示。

### 6. 装配定模

装配定模如图 8-38 所示。

### 7. 合上动模、定模并试模

（1）合模，分模面应该完全接触，保证注射进型腔的塑料不会漏出来。可以用红丹粉均匀涂于定模板下表面上，合模，并施加一定压力，检测定模板与型腔板分模面，以及碰穿位的接触位置，再进行相应的修整。

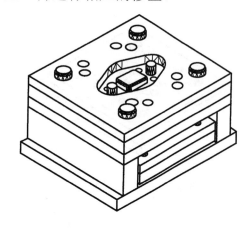

图 8-37　装配支撑板、动模板

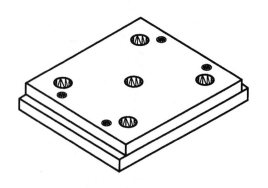

图 8-38　装配定模

（2）加工排气系统。

动模、定模合上后的效果如图 8-39 所示。

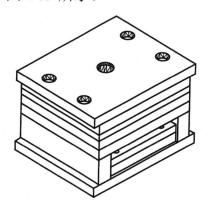

图 8-39　动模、定模合上后的效果

# 项目考核

| 项目八　微型注射模制作 ||||||||||
|---|---|---|---|---|---|---|---|---|---|
| 姓　名 | 项目总成绩评定表 ||||||||| 总评成绩 ||
| 任　务 | 小组互评（40%） |||| 教师评价（60%） |||||||
| | 零件加工成果组内评分（学生自评/互评）(10分) | 任务工作过程/团队意识（5分） | 项目责任心/品质控制（5分） | 任务展示/PPT展示（20分） | 劳动纪律与态度/安全文明生产（10分） | 规范操作（10分） | 制作工艺（10分） | 项目成果/评分表（30分） | 任务总分 | 项目总评 |
| | | | | | | | | | | |
| | | | | | | | | | | |
| | | | | | | | | | | |
| | | | | | | | | | | |
| | | | | | | | | | | |

## 附 页

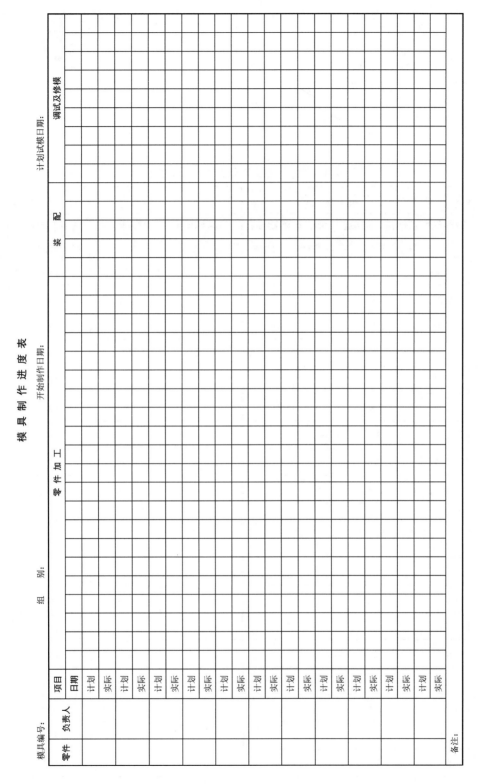

## 表1 普通螺纹攻螺纹前钻孔的钻头直径　　　　　（单位：mm）

| 螺纹直径 D | 螺距 P | 钻头直径 $d_0$ 铸铁、青铜、黄铜 | 钻头直径 $d_0$ 钢、可锻铸铁、紫铜、层压板 | 螺纹直径 D | 螺距 P | 钻头直径 $d_0$ 铸铁、青铜、黄铜 | 钻头直径 $d_0$ 钢、可锻铸铁、紫铜、层压板 |
|---|---|---|---|---|---|---|---|
| 2 | 0.4 | 1.6 | 1.6 | 14 | 2 | 11.8 | 12 |
| 2 | 0.25 | 1.75 | 1.75 | 14 | 1.5 | 12.4 | 12.5 |
| 2.5 | 0.45 | 2.05 | 2.05 | 14 | 1 | 12.9 | 13 |
| 2.5 | 0.35 | 2.15 | 2.15 | 16 | 2 | 13.8 | 14 |
| 3 | 0.5 | 2.5 | 2.5 | 16 | 1.5 | 14.4 | 14.5 |
| 3 | 0.35 | 2.65 | 2.65 | 16 | 1 | 14.9 | 15 |
| 4 | 0.7 | 3.3 | 3.3 | 18 | 2.5 | 15.3 | 15.5 |
| 4 | 0.5 | 3.5 | 3.5 | 18 | 2 | 15.8 | 16 |
| 5 | 0.8 | 4.1 | 4.2 | 18 | 1.5 | 16.4 | 16.5 |
| 5 | 0.5 | 4.5 | 4.5 | 18 | 1 | 16.9 | 17 |
| 6 | 1 | 4.9 | 5 | 20 | 2.5 | 17.3 | 17.5 |
| 6 | 0.75 | 5.2 | 5.2 | 20 | 2 | 17.8 | 18 |
| 8 | 1.25 | 6.6 | 6.7 | 20 | 1.5 | 18.4 | 18.5 |
| 8 | 1 | 6.9 | 7 | 20 | 1 | 18.9 | 19 |
| 8 | 0.75 | 7.1 | 7.2 | 22 | 2.5 | 19.3 | 19.5 |
| 10 | 1.5 | 8.4 | 8.5 | 22 | 2 | 19.8 | 20 |
| 10 | 1.25 | 8.6 | 8.7 | 22 | 1.5 | 20.4 | 20.5 |
| 10 | 1 | 8.9 | 9 | 22 | 1 | 20.9 | 21 |
| 10 | 0.75 | 9.1 | 9.2 | 24 | 3 | 20.7 | 21 |
| 12 | 1.75 | 10.1 | 10.2 | 24 | 2 | 21.8 | 22 |
| 12 | 1.5 | 10.4 | 10.5 | 24 | 1.5 | 22.4 | 22.5 |
| 12 | 1.25 | 10.6 | 10.7 | 24 | 1 | 22.9 | 23 |
| 12 | 1 | 10.9 | 11 | | | | |

表2　板牙套螺纹时的圆杆直径

| 粗牙普通螺纹 | | | | 英制螺纹 | | | 圆柱管螺纹 | | |
|---|---|---|---|---|---|---|---|---|---|
| 螺纹直径/mm | 螺距P/mm | 螺杆直径/mm | | 螺纹直径/in | 螺杆直径/mm | | 螺纹直径/in | 管子外径/mm | |
| | | 最小直径 | 最大直径 | | 最小直径 | 最大直径 | | 最小直径 | 最大直径 |
| M6 | 1 | 5.8 | 5.9 | 1/4 | 5.9 | 6 | 1/8 | 9.4 | 9.5 |
| M8 | 1.25 | 7.8 | 7.9 | 5/16 | 7.4 | 7.6 | 1/4 | 12.7 | 13 |
| M10 | 1.5 | 9.75 | 9.85 | 3/8 | 9 | 9.2 | 3/8 | 16.2 | 16.5 |
| M12 | 1.75 | 11.75 | 11.9 | 1/2 | 12 | 12.2 | 1/2 | 20.5 | 20.8 |
| M14 | 2 | 13.7 | 13.85 | — | — | — | 5/8 | 22.5 | 22.8 |
| M16 | 2 | 15.7 | 15.85 | 5/8 | 15.2 | 15.4 | 3/4 | 26 | 26.3 |
| M18 | 2.5 | 17.7 | 17.85 | — | — | — | 7/8 | 29.8 | 30.1 |
| M20 | 2.5 | 19.7 | 19.85 | 3/4 | 18.3 | 18.5 | 1 | 32.8 | 33.1 |
| M22 | 2.5 | 21.7 | 21.85 | 7/8 | 21.4 | 21.6 | $1\frac{1}{8}$ | 37.4 | 37.7 |
| M24 | 3 | 23.65 | 23.8 | 1 | 24.5 | 24.8 | $1\frac{1}{4}$ | 41.4 | 41.7 |
| M27 | 3 | 26.65 | 26.8 | $1\frac{1}{4}$ | 30.7 | 31 | $1\frac{3}{8}$ | 43.8 | 44.1 |
| M30 | 3.5 | 29.6 | 29.8 | — | — | — | $1\frac{1}{2}$ | 47.3 | 47.6 |
| M36 | 4 | 35.6 | 35.8 | $1\frac{1}{2}$ | 37 | 37.3 | — | — | — |
| M42 | 4.5 | 41.55 | 41.75 | — | — | — | — | — | — |
| M48 | 5 | 47.5 | 47.7 | — | — | — | — | — | — |
| M52 | 5 | 51.5 | 51.7 | — | — | — | — | — | — |
| M60 | 5.5 | 59.45 | 59.7 | — | — | — | — | — | — |
| M64 | 6 | 63.4 | 63.7 | — | — | — | — | — | — |
| M68 | 6 | 67.4 | 67.7 | — | — | — | — | — | — |

# 参 考 文 献

[1] 柳斌杰，邹书林，阎晓宏. 钳工工艺学[M]. 北京：中国劳动社会保障出版社，2005.
[2] 人力资源和社会保障部教材办公室. 钳工技能训练[M]. 北京：中国劳动社会保障出版社，2012.
[3] 陈伦银，周少良. 钳工工艺与技能训练[M]. 北京：人民邮电出版社，2015.
[4] 王传宝，吴木财. 钳工工艺与技能训练[M]. 北京：化学工业出版社，2013.